0.4kV 配电网不停电作业培训教材

作业方法

（带二维码）

国家电网有限公司设备管理部　编

中国电力出版社

CHINA ELECTRIC POWER PRESS

内 容 提 要

    2018 年，国家电网有限公司设备管理部在 0.4kV 配电网不停电作业试点工作的基础上，总结交流了其作业方法和作业工具，从安全实用角度凝炼了四类 19 项 0.4kV 配电网不停电作业推广项目，确定了推广 0.4kV 配电网不停电作业原则和推广项目开发细则。基于此，国家电网有限公司设备管理部组织编写了《0.4kV 配电网不停电作业培训教材》丛书，包括《基础知识》和《作业方法（带二维码）》两个分册，该丛书是 0.4kV 配电网不停电作业推广工作的重要支撑之一。

    本书是《0.4kV 配电网不停电作业培训教材 作业方法（带二维码）》分册，共包括架空线路作业方法、电缆线路作业方法、配电柜（房）作业方法、低压用户作业方法四章。

    本书可作为 0.4kV 配电网不停电作业人员的培训教材，可供从事配电网不停电作业管理人员、运行维护的技术与技能人员学习使用，也可供相关设备生产厂家参考。

图书在版编目（CIP）数据

0.4kV 配电网不停电作业培训教材. 作业方法：带二维码 / 国家电网有限公司设备管理部编. —北京：中国电力出版社，2020.6（2025.10 重印）

ISBN 978-7-5198-4255-0

Ⅰ．①0… Ⅱ．①国… Ⅲ．①配电线路–带电作业–技术培训–教材 Ⅳ．①TM726

中国版本图书馆 CIP 数据核字（2020）第 023318 号

出版发行：中国电力出版社
地　　址：北京市东城区北京站西街 19 号（邮政编码 100005）
网　　址：http://www.cepp.sgcc.com.cn
责任编辑：罗翠兰　邓慧都
责任校对：黄　蓓　朱丽芳
装帧设计：张俊霞
责任印制：石　雷

印　　刷：三河市万龙印装有限公司
版　　次：2020 年 6 月第一版
印　　次：2025 年 10 月北京第九次印刷
开　　本：787 毫米×1092 毫米　16 开本
印　　张：9.75
字　　数：207 千字
印　　数：30000—31000 册
定　　价：66.00 元

编 委 会

主　任　王国春

副主任　吕　军

主　编　宁　昕

副主编　曹爱民　　王金宇　　肖　宾

参　编　苏梓铭　　李金宝　　张　剑　　杨晓翔　　孟　昊

　　　　刘一涵　　周　胜　　张捷华　　胡江博　　倪　伟

　　　　刘　㤖　　崔　晗　　吴一波　　周　兴　　陈保华

　　　　李占奎　　高永强　　刘　凯　　左新斌　　李　昇

　　　　刘　庭　　马振宇　　纪坤华　　郭剑黎　　杨　博

　　　　袁　栋　　王　刚　　刘兆领　　龚杭章　　沈宏亮

　　　　李双超　　马志广　　张耀坤　　梁晟杰　　唐　盼

　　　　蔡得龙　　张世栋　　宁　琦

前　言

随着配电网改造工程进程的加速，0.4kV 配电网检修工作量逐步增大，开展 0.4kV 配电网不停电作业，有利于缓解配电网检修给电力用户带来的用电影响，可有效提高用户供电可靠性和电力服务质量，保障系统安全、稳定运行。2018 年 4 月，国家电网有限公司运维检修部组织召开 0.4kV 配电网不停电作业试点工作启动会，对 0.4kV 配电网不停电作业试点项目进行了讨论，根据当前 0.4kV 配电网不停电作业的实际情况，以实现 0.4kV 配电网不停电作业安全开展、持续提高配电网供电可靠性为目标，将中压配电网不停电作业方法拓展至低压配电网，并结合低压线路特点完善工具装备，建立标准规范，开展现场试点，解决低压线路检修影响服务质量问题，拓展不停电作业适用电压等级，为 0.4kV 配电网不停电作业推广提供先行试点经验。2018 年 12 月，国家电网有限公司设备管理部组织召开 0.4kV 配电网不停电作业试点工作总结交流会，在试点工作的基础上总结交流了作业方法和作业工具，从安全实用角度凝练了四类 19 项 0.4kV 配电网不停电作业推广项目，确定了推广 0.4kV 配电网不停电作业原则和推广项目开发细则。基于此，国家电网有限公司设备管理部组织编写了《0.4kV 配电网不停电作业培训教材》丛书，包括《基础知识》和《作业方法（带二维码）》两个分册，该丛书是 0.4kV 配电网不停电作业推广工作的重要支撑之一。

本书是《0.4kV 配电网不停电作业培训教材　作业方法（带二维码）》，共包括四章内容。第一章为架空线路作业方法，包括带电简单消缺、带电接户线及线路引线断/接操作、带电低压线路设备安装/更换等；第二章为电缆线路作业方法，包括带电断/接低压空载电缆引线，以解决低压电缆线路检修造成用户长时间停电问题；第三章为配电柜（房）作业方法，包括带电更换低压开关、带电加装智能配电变压器终端、带电更换配电柜电容器和带电新增用户出线，以解决低压配电柜（房）检修造成用户大面积、长时间停电问题；第四章为低压用户作业方法，包括临时电源供电、临时取电向配电柜供电，以解决用户停电时间长的问题，增加用户保电技术手段。

本书由国家电网有限公司设备管理部和中国电力科学研究院有限公司牵头，国网陕西省电力公司、国网上海市电力公司、国网辽宁省电力有限公司、国网河南省电力公司、国网湖北省电力有限公司、国网江苏省电力有限公司、国网江西省电力有限公司编写第一章，国网天津市电力公司、国网浙江省电力有限公司、国网山东省电力公司编写第二章，国网山东省电力公司、国网浙江省电力有限公司、国网福建省电力有限公司编写第三章，国网天津市电力公司、国网浙江省电力有限公司、国网上海市电力公司编写第四章。

由于编写人员水平有限，书中难免存在不妥或疏漏之处，恳请广大读者批评指正。

编　者

2020 年 3 月

目　录

第一章

架空线路作业方法

第一节　带电简单消缺

一、带电调整导线沿墙敷设支架

带电调整导线
沿墙敷设支架

1. 适用范围

本作业方法适用于包括调整导线沿墙敷设支架等简单消缺工作。

2. 引用文件

国家电网安质〔2014〕265 号《国家电网公司电力安全工作规程（配电部分）（试行）》

Q/GDW 1519—2014《配网运维规程》

Q/GDW 10520—2016《10kV 配网不停电作业规范》

GB/T 14286《带电作业工具设备术语》

GB/T 18857《配电线路带电作业技术导则》

DL/T 477—2010《农村电网低压电气安全工作规程》

DL/T 493—2015《农村低压安全用电规程》

DL/T 499—2001《农村低压电力技术规程》

3. 作业前准备

3.1　现场勘查应符合表 1-1 的基本要求。

表 1-1　　　　　　　　　　　　现场勘查的基本要求

序号	内容	标　准	备注
1	现场勘查	（1）工作票签发人或工作负责人应事先进行现场勘查，根据勘查结果做出能否进行不停电作业的判断，并确定作业方法及应采取的安全技术措施。 （2）作业攀登点的电杆杆身、埋设基础是否可靠，作业现场是否有通信线、广告牌等影响攀登、作业的线路异物。 （3）作业点周围是否停有车辆或频繁有行人经过，是否存在掉落伤人可能。作业点周围是否存在绝缘老化、扎线松动、构件锈蚀严重等作业过程中可能引发短路意外的情况。 （4）存在的其他作业危险点等	
2	了解现场气象条件	了解现场气象条件，判断是否符合《国家电网公司电力安全工作规程（配电部分）（试行）》对带电作业要求	
3	组织现场作业人员学习作业指导书	掌握整个操作程序，理解工作任务及操作中的危险点及控制措施	
4	工作票	办理低压工作票	

3.2　现场作业人员应符合表 1-2 的基本要求。

表 1-2　　　　　　　　　　　　现场作业人员的基本要求

序号	内　容	备注
1	作业人员应身体健康，无妨碍作业的生理和心理障碍	
2	作业人员经培训合格，持证上岗	
3	作业人员应掌握紧急救护法，特别要掌握触电急救方法	
4	作业人员应符合《国家电网公司电力安全工作规程（配电部分）（试行）》中 2.1 的有关要求	

3.3　工器具配备应符合表 1-3 的要求。

表 1-3　　　　　　　　　　　工 器 具 配 备 的 要 求

序号	工器具名称		规格、型号	数量	单位	备注
1	承载（升降）工具	低压带电作业车		1	辆	或绝缘斗臂车、绝缘梯
2		脚扣		1	副	
3	个人防护用具	绝缘手套	0.4kV	1	双	
4		绝缘安全帽		4	顶	
5		防电弧服	8cal/cm²	4	套	
6		护目镜		1	副	
7		双控背带式安全带		1	副	
8	绝缘工器具	绝缘滑车	0.4kV	1	根	
9		绝缘绳套	0.4kV	1	根	
10		绝缘传递绳	0.4kV	1	根	
11		绝缘遮蔽毯	0.4kV	5	张	
12		绝缘夹		20	个	
13		个人绝缘工具	0.4kV	1	套	
14	其他	声光验电器	0.4kV	1	套	
15		绝缘手套充气装置		1	个	
16		温湿度检测仪		1	个	
17		风速仪		1	个	
18		防潮帆布		2	张	
19		围栏、安全警示牌等			套	
20		大号帆布置物桶		1	套	
21		小号帆布置物桶		1	套	

注　各工作可根据现场情况和现有装备选择合适的登高（升降）方式，并选用相应作业工具。

3.4　危险点分析应符合表 1-4 的要求。

表 1-4　　　　　　　　　　　**危 险 点 分 析 的 要 求**

序号	内　　　容
1	专责监护人违章兼做其他工作或监护不到位，使作业人员失去监护
2	作业现场混乱，安全措施不齐全
3	未设置安全围栏、安全警示牌，发生坠物伤人
4	登杆脚扣、绝缘梯、安全带不合格，或安全带、后备保护绳固定构件不牢靠，存在作业人员发生坠落风险
5	作业点周围存在导线绝缘层老化、绝缘子破损老化等引发的漏电，作业人员存在麻电、触电，发生意外风险
6	作业点周围存在绑扎线松动，导线有可能脱落，或邻近距离太近，作业时导线摆动幅度太大，存在相间或相地短路风险

3.5　安全注意事项应符合表 1-5 的要求。

表 1-5　　　　　　　　　　　**安 全 注 意 事 项 的 要 求**

序号	内　　　容
1	专责监护人应履行监护职责，不得兼做其他工作，要选择便于监护的位置，监护的范围不得超过一个作业点
2	作业人员应经专门培训，考试合格取得资格、单位批准后，方可参加相应的作业
3	作业现场及工具摆放位置周围应设置安全围栏、警示标志，防止行人及其他车辆进入作业现场
4	带电作业应在良好天气下进行，风力大于 5 级，或湿度大于 80% 时，不宜带电作业。若遇雷电、雪、雹、雨、雾等不良天气，禁止带电作业。带电作业过程中若遇天气突然变化，有可能危及人身及设备安全时，应立即停止工作，撤离人员，恢复设备正常状况，或采取临时安全措施
5	作业前应进行充分的勘察，重点勘察同杆架设线路及其方位和电气间距、作业现场条件和环境及其他影响作业的危险点等。现场复勘后应无影响安全作业的变化因素
6	作业人员在进行高处作业时应使用双重保护安全带，作业中不得失去保护，安全带不得系在杆上不牢固、可能发生移动或有尖锐面的构件上。同时在作业过程中不得摘下绝缘手套
7	低压电气带电工作应穿戴绝缘手套（含防穿刺手套）、护目镜、防电弧服，并保持对地绝缘，若存在相间短路风险应加装绝缘隔离
8	作业前，应用低压声光型验电器检验接地体是否有漏电
9	作业时，应检查配电变压器台区的作业范围内电气回路的剩余电流动作保护装置投入运行
10	作业时作业人员应严格按照规范操作，杜绝危险动作。上下传递时应使用绝缘绳、工具袋，严禁高空坠物现象发生
11	低压电气带电工作使用的工具手握部分应有绝缘柄，其外裸露的导电部位应采取绝缘包裹措施
12	作业中邻近不同电位导线或金具时，应采取绝缘隔离措施防止相间短路和单相接地
13	作业时应控制导线摆动幅度，防止短路或接地
14	绝缘梯应坚固完整，有防滑措施。梯子的支柱应能承受攀登时作业人员及所携带的工具、材料的总重量，距梯顶1m 处设限高标志。人字梯应有限制开度的措施，人在梯子上时，禁止移动梯子
15	高低压同杆（塔）架设，在低压带电线路上工作前，应先检查与高压线路的距离，并采取防止误碰高压带电线路的措施，并不得穿越低压线路

3.6　人员组织应符合表 1-6 的要求。

表 1-6　　　　　　　　　　　　　　人 员 组 织 的 要 求

人员分工	人数	工作内容
工作负责人（兼监护人）	1 人	全面负责现场作业，对现场作业进行安全监护
作业电工	1～2 人（根据消缺项目）	负责实施杆上具体作业流程
地面电工	1 人	负责向作业电工传递工具、材料等辅助工作

4. 作业程序

4.1　现场复勘的内容应符合表 1-7 的要求。

表 1-7　　　　　　　　　　　　　　现场复勘的内容要求

序号	内　容	备注
1	确认线路设备及周围环境满足作业条件，未产生影响安全作业的变化因素	
2	确认现场气象条件满足作业要求	

4.2　作业内容及标准应符合表 1-8 的要求。

表 1-8　　　　　　　　　　　　　　作业内容及标准的要求

序号	作业步骤	作业内容	标　准	备注
1	工具储运和检测	领用、检查、运输、检查工器具	（1）领用绝缘工器具、安全用具及辅助器具，应核对工器具的使用电压等级和试验周期，并检查外观完好无损。 （2）工器具在运输过程中，应存放在专用工具袋、工具箱或工具车内，以防受潮和损伤	
2	现场操作前的准备	（1）核对作业点。 （2）现场复勘。 （3）与调度履行许可手续。 （4）设置安全围栏。 （5）召开班前会。 （6）整理、检查、检测工器具	（1）工作负责人核对线路名称、杆号。 （2）工作负责人检查作业装置、现场环境符合作业条件。 （3）工作负责人应按配电带电作业工作票内容与设备运维管理单位联系，履行工作许可手续。 （4）根据道路情况设置安全围栏、警告标志或路障。 （5）工作负责人召集工作人员交待工作任务，对工作班成员进行危险点告知，交待安全措施和技术措施，确认每一个工作班成员都已知晓，检查工作班成员精神状态是否良好，人员是否合适。 （6）整理材料，对安全用具、绝缘工具进行检查。 （7）作业人员检查电杆根部、基础和拉线是否牢固	
3	操作步骤	（1）穿戴防护用具后登高（升作业平台）至作业点。 （2）验电	（1）作业人员穿戴好绝缘防护用具，携带绝缘传递绳，登高（升作业平台）至适当位置，作业人员应全程穿戴绝缘手套。 （2）使用验电器对绝缘子、支架进行验电，确认无漏电现象	

续表

序号	作业步骤	作业内容	标　准	备注
4	调整导线沿墙敷设支架	（1）杆上作业人员装设绝缘隔离措施，使带电导线与沿墙支架等接地体隔离。 （2）调整或紧固沿墙支架固定螺栓。 （3）检查支架固定牢固后拆除绝缘隔离措施。 （4）作业人员拆除绝缘隔离措施，检查无遗留物，返回地面	（1）作业人员使用绝缘梯攀登时，梯子应支撑稳固，应由专人作业全程扶稳梯子。 （2）杆上作业人员安装绝缘隔离措施，使带电导线与支架等接地体有效隔离。 （3）调整或紧固支架固定螺栓时，墙上螺孔内径若已扩大，应填充有效填充物，确保螺栓紧固。 （4）调整完毕后拆除绝缘隔离措施。 （5）检查线路上无遗留物，支架稳固、工艺符合标准后返回地面	
5	工作终结	（1）清点、检查工具。 （2）确认无误后召开收工会。 （3）向设备运维管理人员汇报工作结束	（1）工作负责人组织工作人员清点工器具，并清理施工现场。 （2）工作负责人对完成的工作进行全面检查，符合验收规范要求后，记录在册并召开现场收工会进行工作点评，宣布工作结束。 （3）向设备运维管理人员汇报工作已经结束，工作班撤离现场	

4.3　竣工内容应符合表1－9的要求。

表1－9　　　　　　　　竣　工　内　容　的　要　求

序号	内　　容
1	现场工作负责人全面检查工作完成情况无误后，组织清理现场及工具
2	通知运维管理人员，工作结束
3	终结工作票

5. 验收总结

验收总结应符合表1－10的要求。

表1－10　　　　　　　　验　收　总　结　的　要　求

序号	验收总结	
1	验收评价	
2	存在问题及处理意见	

6. 指导书执行情况评估

指导书执行情况评估应符合表1－11的要求。

表1－11　　　　　　　指导书执行情况评估的要求

评估内容	符合性	优		可操作项	
		良		不可操作项	
	可操作性	优		修改项	
		良		遗漏项	
存在问题					
改进意见					

二、带电清除异物

带电清除异物

1. 适用范围

本作业方法适用于清除异物等简单消缺工作。

2. 引用文件

国家电网安质〔2014〕265 号《国家电网公司电力安全工作规程（配电部分）（试行）》

Q/GDW 1519—2014《配网运维规程》

Q/GDW 10520—2016《10kV 配网不停电作业规范》

GB/T 14286《带电作业工具设备术语》

GB/T 18857《配电线路带电作业技术导则》

DL/T 477—2010《农村电网低压电气安全工作规程》

DL/T 493—2015《农村低压安全用电规程》

DL/T 499—2001《农村低压电力技术规程》

3. 作业前准备

3.1 现场勘查应符合表 1-12 的基本要求。

表 1-12 现场勘查的基本要求

序号	内容	标　准	备注
1	现场勘查	（1）工作票签发人或工作负责人应事先进行现场勘查，根据勘查结果做出能否进行不停电作业的判断，并确定作业方法及应采取的安全技术措施。 （2）作业攀登点的电杆杆身、埋设基础是否可靠，作业现场是否有通信线、广告牌等影响攀登、作业的线路异物。 （3）作业点周围是否停有车辆或频繁有行人经过，是否存在掉落伤人可能；作业点周围是否存在绝缘老化、扎线松动、构件锈蚀严重等作业过程中可能引发短路意外的情况。 （4）以及存在的其他作业危险点等	
2	了解现场气象条件	了解现场气象条件，判断是否符合《国家电网公司电力安全工作规程（配电部分）（试行）》对带电作业要求	
3	组织现场作业人员学习作业指导书	掌握整个操作程序，理解工作任务及操作中的危险点及控制措施	
4	工作票	办理低压工作票	

3.2 现场作业人员应符合表 1-13 的基本要求。

表 1-13 现场作业人员的基本要求

序号	内　容	备注
1	作业人员应身体健康，无妨碍作业的生理和心理障碍	
2	作业人员经培训合格，持证上岗	
3	作业人员应掌握紧急救护法，特别要掌握触电急救方法	
4	作业人员应符合《国家电网公司电力安全工作规程（配电部分）（试行）》2.1 条款的有关要求	

3.3 工器具配备应符合表1-14的要求。

表1-14 工 器 具 配 备 的 要 求

序号	工器具名称		规格、型号	数量	单位	备注
1	承载（升降）工具	脚扣		1	副	登高板可替代
2	个人防护用具	绝缘手套	0.4kV	2	双	带防护手套；10kV手套可替代
3		安全帽		4	顶	
4		防电弧服	8cal/cm²	2	套	
5		双控背带式安全带		2	副	
6		脚扣		1	副	
7	绝缘工器具	绝缘锁杆	0.4kV	2	根	
8		绝缘传递绳		2	根	12m
9	其他	验电器	0.4kV	1	根	
10		围栏、安全警示牌等		1	套	
11		个人绝缘手持工具（工具袋）		1	套	

注 各工作可根据现场情况和现有装备选择合适的登高（升降）方式，并选用相应作业工具。

3.4 危险点分析应符合表1-15的要求。

表1-15 危 险 点 分 析 的 要 求

序号	内容
1	专责监护人违章兼做其他工作或监护不到位，使作业人员失去监护
2	作业现场混乱，安全措施不齐全
3	未设置安全围栏、安全警示牌，发生坠物伤人
4	登杆脚扣、绝缘梯、安全带不合格，或安全带、后备保护绳固定构件不牢靠，存在作业人员发生坠落风险
5	作业点周围存在导线绝缘层老化、绝缘子破损老化等引发的漏电，作业人员存在麻电、触电，发生意外风险
6	作业点周围存在绑扎线松动，导线有可能脱落，或邻近距离太近，作业时导线摆动幅度太大，存在相间或相地短路风险

3.5 安全注意事项应符合表1-16的要求。

表1-16 安 全 注 意 事 项 的 要 求

序号	内容
1	专责监护人应履行监护职责，不得兼做其他工作，要选择便于监护的位置，监护的范围不得超过一个作业点
2	作业人员应经专门培训，考试合格取得资格、单位批准后，方可参加相应的作业
3	作业现场及工具摆放位置周围应设置安全围栏、警示标志，防止行人及其他车辆进入作业现场

续表

序号	内　容
4	带电作业应在良好天气下进行，风力大于5级，或湿度大于80%时，不宜带电作业。若遇雷电、雪、雹、雨、雾等不良天气，禁止带电作业。带电作业过程中若遇天气突然变化，有可能危及人身及设备安全时，应立即停止工作，撤离人员，恢复设备正常状况，或采取临时安全措施
5	作业前应进行充分的勘察，重点勘察同杆架设线路及其方位和电气间距、作业现场条件和环境及其他影响作业的危险点等。现场复勘后应无影响安全作业的变化因素
6	作业人员在进行高处作业时应使用双重保护安全带，作业中不得失去保护，安全带不得系在杆上不牢固、可能发生移动或有尖锐面的构件上；同时在作业过程中不得摘下绝缘手套
7	低压电气带电工作应穿戴绝缘手套（含防穿刺手套）、护目镜、防电弧服，并保持对地绝缘，若存在相间短路风险应加装绝缘隔离
8	作业前，应用低压声光型验电器检验接地体是否有漏电
9	作业时，应检查配电变压器台区的作业范围内电气回路的剩余电流动作保护装置是否投入运行
10	作业时作业人员应严格按照规范操作，杜绝危险动作。上下传递应使用绝缘绳、工具袋，严禁高空坠物现象发生
11	低压电气带电工作使用的工具手握部分应有绝缘柄，其外裸露的导电部位应采取绝缘包裹措施
12	作业中邻近不同电位导线或金具时，应采取绝缘隔离措施防止相间短路和单相接地
13	作业时应控制导线摆动幅度，防止短路或接地
14	高低压同杆（塔）架设，在低压带电线路上工作前，应先检查与高压线路的距离，并采取防止误碰高压带电线路的措施，并不得穿越低压线路

3.6　人员组织应符合表1–17的要求。

表1–17　　　　　　　　人员组织的要求

人员分工	人数	工作内容
工作负责人（兼监护人）	1人	全面负责现场作业，对现场作业进行安全监护
作业电工	1人	负责实施杆上具体作业流程
地面电工	1人	负责向作业电工传递工具、材料等辅助工作

4. 作业程序

4.1　现场复勘的内容应符合表1–18的要求。

表1–18　　　　　　　　现场复勘的内容要求

序号	内　容	备注
1	确认线路设备及周围环境满足作业条件，未产生影响安全作业的变化因素	
2	确认现场气象条件满足作业要求	

4.2　作业内容及标准应符合表1–19的要求。

表 1-19　　　　　　　　　　作业内容及标准的要求

序号	作业步骤	作业内容	标　准	备注
1	工具储运和检测	领用、检查、运输、检查工器具	（1）领用绝缘工器具、安全用具及辅助器具，应核对器具的使用电压等级和试验周期，并检查外观完好无损。 （2）工器具在运输过程中，应存放在专用工具袋、工具箱或工具车内，以防受潮和损伤	
2	现场操作前的准备	核对作业点	工作负责人核对线路双重名称、杆号	
3		现场复勘	检查杆塔基础、杆身是否完好，有无影响作业安全的交叉跨越，相邻杆塔导线悬挂点是否良好，是否符合作业要求； 带电作业应在良好天气下进行，作业前须进行风速和湿度测量。风力大于5级，或湿度大于80%时，不宜带电作业；若遇雷电、雪、雹、雨、雾等不良天气，禁止带电作业	
4		办理许可手续	工作负责人向设备运行单位履行许可手续。汇报内容为工作负责人姓名、工作地点（线路名称和杆号）、工作任务、计划工作时间、完毕后工作负责人在工作票上记录许可时间并签名	
5		布置工作现场	工作负责人组织班组成员设置工作现场的安全围栏、安全警示标志： （1）安全围栏的范围应考虑作业中高空坠落和高空落物的影响以及道路交通，必要时联系交通部门。 （2）围栏的出入口应设置合理。 （3）警示标示应包括"从此进出""施工现场"等，道路两侧应有"车辆慢行"或"车辆绕行"标示或路障。 班组成员按要求将绝缘工器具放在防潮苫布上： （1）防潮苫布应清洁、干燥。 （2）工器具应按定置管理要求分类摆放。 （3）绝缘工器具不能与金属工具、材料混放	
6		召开班前会	（1）工作负责人宣读工作票。 （2）工作负责人检查工作班成员精神状态、交待工作任务进行分工、交待工作中的安全措施和技术措施。 （3）工作负责人检查班组各成员对工作任务分工、安全措施和技术措施是否明确。 （4）班组各成员在工作票和作业指导书（卡）上签名确认	
7		检查绝缘工器具	班组成员使用清洁干燥毛巾逐件对绝缘工器具进行擦拭并进行外观检查： （1）检查人员应戴清洁、干燥的手套。 （2）绝缘工具表面不应磨损、变形损坏，操作应灵活。 （3）个人安全防护用具和遮蔽、隔离用具应无针孔、无砂眼、无裂纹。 （4）绝缘手套应采用充气检查的方式，作业人员应戴干净清洁的手套，用干燥、清洁的毛巾擦拭绝缘工器具，绝缘工器具外观清洁无破损，完成安全带和登杆用具冲击试验。 （5）作业材料符合施工标准（安装条件），防电弧服防护能力应不小于6.8cal/cm²。 （6）绝缘工器具检查完毕，向工作负责人汇报检查结果	

续表

序号	作业步骤	作业内容	标 准	备注
8	现场操作前的准备	登杆前准备	作业人员检查电杆根部、基础和拉线是否牢固，安全带及后备保护绳并做冲击试验，安全带和登杆用具冲击试验完成后，杆上作业人员方可登塔作业	
9	工作过程	登杆	获得工作负责人许可后，作业人员登杆至作业位置。登杆过程中，不得失去安全带保护	
10		验电	获得工作负责人许可后，杆上作业人员使用验电器对绝缘子、横担等作业点周围接地体进行验电，确认无漏电现象	
11		设置绝缘遮蔽	在接地体距离带电体较近，有可能造成短路等危险情况的位置，对带电体进行遮蔽、隔离；按照"从近到远、从下到上"的遮蔽原则进行	
12		清除异物	作业人员使用绝缘锁杆清除线路杆塔上的异物	
13		拆除绝缘遮蔽	获得工作负责人许可后，作业人员按照与设置绝缘遮蔽相反的顺序拆除	
14		返回地面	杆上作业人员检查线路、杆塔上无遗留物，异物清除后返回地面	
15	工作结束	召开收工会	工作负责人组织工作班成员召开现场收工会，并进行工作总结和点评工作；点评本项工作的施工质量、工作班成员在作业中安全措施的落实情况及对规程的执行情况	
16		办理工作终结手续	工作负责人向设备运维管理人员汇报工作结束，并终结工作票；汇报内容为工作负责人姓名，工作地点、工作任务完成情况，设备已恢复运行	
17		整理工器具和清理现场	工作负责人组织班组成员整理工具、材料，将工器具清洁后分类放置在专用工具箱（袋）内，清理现场，做到"工完料尽场地清"	

4.3 竣工内容应符合表1-20的要求。

表1-20　　　　　竣 工 内 容 的 要 求

序号	内 容
1	现场工作负责人全面检查工作完成情况无误后，组织清理现场及工具
2	通知运维管理人员，工作结束
3	终结工作票

5. 验收总结

验收总结应符合表1-21的要求。

表1-21　　　　　验 收 总 结 的 要 求

序号	验收总结
1	验收评价
2	存在问题及处理意见

6. 指导书执行情况评估

指导书执行情况评估应符合表 1-22 的要求。

表 1-22   指导书执行情况评估的要求

评估内容	符合性	优		可操作项	
		良		不可操作项	
	可操作性	优		修改项	
		良		遗漏项	
存在问题					
改进意见					

三、带电更换拉线

带电更换拉线

1. 适用范围

本作业方法适用于更换拉线等简单消缺工作。

2. 引用文件

国家电网安质〔2014〕265 号《国家电网公司电力安全工作规程（配电部分）（试行）》

Q/GDW 1519—2014《配网运维规程》

Q/GDW 10520—2016《10kV 配网不停电作业规范》

GB/T 14286《带电作业工具设备术语》

GB/T 18857《配电线路带电作业技术导则》

DL/T 477—2010《农村电网低压电气安全工作规程》

DL/T 493—2015《农村低压安全用电规程》

DL/T 499—2001《农村低压电力技术规程》

3. 作业前准备

3.1 现场勘查应符合表 1-23 的基本要求。

表 1-23   现场勘查的基本要求

序号	内容	标准	备注
1	现场勘查	（1）工作票签发人或工作负责人应事先进行现场勘查，根据勘查结果做出能否进行不停电作业的判断，并确定作业方法及应采取的安全技术措施。 （2）作业点的电杆杆身、埋设基础是否可靠，作业现场是否有通讯线、广告牌等影响作业的线路异物。 （3）作业点周围是否停有车辆或频繁有行人经过，是否存在掉落伤人可能；作业点周围是否存在绝缘老化、扎线松动、构件锈蚀严重等作业过程中可能引发短路意外的情况。 （4）存在的其他作业危险点等	
2	了解现场气象条件	了解现场气象条件，判断是否符合《国家电网公司电力安全工作规程（配电部分）（试行）》对带电作业要求	

续表

序号	内容	标　　准	备注
3	组织现场作业人员学习作业指导书	掌握整个操作程序，理解工作任务及操作中的危险点及控制措施	
4	工作票	办理低压工作票	

3.2　现场作业人员应符合表 1-24 的基本要求。

表 1-24　　　　　　　　　　现场作业人员的基本要求

序号	内　　容	备注
1	作业人员应身体健康，无妨碍作业的生理和心理障碍	
2	作业人员经培训合格，持证上岗	
3	作业人员应掌握紧急救护法，特别要掌握触电急救方法	
4	作业人员应符合《国家电网公司电力安全工作规程（配电部分）（试行）》2.1 条款的有关要求	

3.3　工器具配备应符合表 1-25 的要求。

表 1-25　　　　　　　　　　工 器 具 配 备 的 要 求

序号	工器具名称		规格、型号	数量	单位	备注
1	承载（升降）工具	低压带电作业车		1	辆	绝缘斗臂车可替代
2		脚扣		1	副	登高板可替代
3	个人防护用具	绝缘手套	0.4kV	2	双	戴防护手套
4		安全帽		4	顶	
5		防电弧服	8cal/cm^2	2	套	
6		双控背带式安全带		2	副	
7	绝缘工器具	绝缘传递绳		2	根	12m
8		绝缘毯	0.4kV	4	张	
9	其他	验电器	0.4kV	1	根	
10		紧线器、卡线器		1	套	
11		围栏、安全警示牌等		1	套	
12		个人绝缘手持工具（工具袋）		1	套	

注　各工作可根据现场情况和现有装备选择合适的登高（升降）方式，并选用相应作业工具。

3.4　危险点分析应符合表 1-26 的要求。

表 1-26 危险点分析的要求

序号	内 容
1	专责监护人违章兼做其他工作或监护不到位，使作业人员失去监护
2	作业现场混乱，安全措施不齐全
3	未设置安全围栏、安全警示牌，发生坠物伤人
4	登杆脚扣、绝缘梯、安全带不合格，或安全带、后备保护绳固定构件不牢靠，存在作业人员发生坠落风险
5	作业点周围存在导线绝缘层老化、绝缘子破损老化等引发的漏电，作业人员存在麻电、触电，发生意外风险
6	作业点周围存在绑扎线松动，导线有可能脱落，或邻近距离太近，作业时导线摆动幅度太大，存在相间或相地短路风险

3.5 安全注意事项应符合表 1-27 的要求。

表 1-27 安全注意事项的要求

序号	内 容
1	专责监护人应履行监护职责，不得兼做其他工作，要选择便于监护的位置，监护的范围不得超过一个作业点
2	作业人员应经专门培训，考试合格取得资格、单位批准后，方可参加相应的作业
3	作业现场及工具摆放位置周围应设置安全围栏、警示标志，防止行人及其他车辆进入作业现场
4	带电作业应在良好天气下进行，风力大于 5 级，或湿度大于 80%时，不宜带电作业。若遇雷电、雪、雹、雨、雾等不良天气，禁止带电作业。带电作业过程中若遇天气突然变化，有可能危及人身及设备安全时，应立即停止工作，撤离人员，恢复设备正常状况，或采取临时安全措施
5	作业前应进行充分的勘察，重点勘察同杆架设线路及其方位和电气间距、作业现场条件和环境及其他影响作业的危险点等。现场复勘后应无影响安全作业的变化因素
6	作业人员在进行高处作业时应使用双重保护安全带，作业中不得失去保护，安全带不得系在杆上不牢固、可能发生移动或有尖锐面的构件上；同时在作业过程中不得摘下绝缘手套
7	低压电气带电工作应穿戴绝缘手套（含防穿刺手套）、护目镜、防电弧服，并保持对地绝缘，若存在相间短路风险应加装绝缘隔离
8	作业前，应用低压声光型验电器检验接地体是否有漏电
9	作业时，应检查配电变压器台区的作业范围内电气回路的剩余电流动作保护装置投入运行
10	作业时作业人员应严格按照规范操作，杜绝危险动作。上下传递时应使用绝缘绳、工具袋，严禁高空坠物现象发生
11	低压电气带电工作使用的工具手握部分应有绝缘柄，其外裸露的导电部位应采取绝缘包裹措施
12	作业中邻近不同电位导线或金具时，应采取绝缘隔离措施防止相间短路和单相接地
13	作业时应控制导线摆动幅度，防止短路或接地
14	高低压同杆（塔）架设，在低压带电线路上工作前，应先检查与高压线路的距离，并采取防止误碰高压带电线路的措施，并不得穿越低压线路

3.6 人员组织应符合表 1-28 的要求。

表 1-28   人 员 组 织 的 要 求

人员分工	人数	工作内容
工作负责人（兼监护人）	1 人	全面负责现场作业，对现场作业进行安全监护
作业电工	1 人	负责实施杆上具体作业流程
地面电工	1 人	负责地面工作，向作业电工传递工具、材料等辅助工作

4. 作业程序

4.1 现场复勘的内容应符合表 1-29 的要求。

表 1-29   现场复勘的内容要求

序号	内　　容	备注
1	确认线路设备及周围环境满足作业条件，未产生影响安全作业的变化因素	
2	确认现场气象条件满足作业要求	

4.2 作业内容及标准应符合表 1-30 的要求。

表 1-30   作业内容及标准的要求

序号	作业步骤	作业内容	标　　准	备注
1	工具储运和检测	领用、检查、运输、检查工器具	（1）领用绝缘工器具、安全用具及辅助器具，应核对工器具的使用电压等级和试验周期，并检查外观完好无损。 （2）工器具在运输过程中，应存放在专用工具袋、工具箱或工具车内，以防受潮和损伤	
2		核对作业点	工作负责人核对线路名称、杆号	
3		现场复勘	工作负责人检查作业装置、现场环境符合作业条件	
4		与调度履行许可手续	工作负责人应按配电带电作业工作票内容与值班调控人员联系，履行工作许可手续	
5	现场操作前的准备	停放车辆	斗（臂）车驾驶员将低压带电作业车位置停放到最佳位置： （1）停放的位置应便于低压带电作业车绝缘斗到达作业位置，避免附近电力线和障碍物。 （2）停放位置坡度不大于 7°，低压带电作业车应顺线路停放。 斗（臂）车操作人员支放低压带电作业车支腿，作业人员对支腿情况进行检查，向工作负责人汇报检查结果。检查标准为： （1）不应支放在沟道盖板上。 （2）软土地面应使用垫块或枕木，垫板重叠不超过 2 块。 （3）支撑应到位。车辆前后、左右呈水平；支腿应全部伸出，整车支腿受力，车轮离地	
6		布置工作现场	工作负责人组织班组成员设置工作现场的安全围栏、安全警示标志： （1）安全围栏的范围应考虑作业中高空坠落和高空落物的影响以及道路交通，必要时联系交通部门。 （2）围栏的出入口应设置合理。 （3）警示标示应包括"从此进出"、"施工现场"等，道路两侧应有"车辆慢行"或"车辆绕行"标示或路障。 班组成员按要求将绝缘工器具放在防潮苫布上： （1）防潮苫布应清洁、干燥。 （2）工器具应按定置管理要求分类摆放。 （3）绝缘工器具不能与金属工具、材料混放	

续表

序号	作业步骤	作业内容	标　准	备注
7	现场操作前的准备	召开班前会	（1）工作负责人宣读工作票。 （2）工作负责人检查工作班组成员精神状态，交代工作任务进行分工，交代工作中的安全措施和技术措施。 （3）工作负责人检查班组各成员对工作任务分工、安全措施和技术措施是否明确。 （4）班组各成员在工作票和作业指导书（卡）上签名确认	
8		检查绝缘工器具	班组成员使用清洁干燥毛巾逐件对绝缘工器具进行擦拭并进行外观检查： （1）检查人员应戴清洁、干燥的手套。 （2）绝缘工具表面不应磨损、变形损坏，操作应灵活。 （3）个人安全防护用具和遮蔽、隔离用具应无针孔、砂眼、裂纹。 （4）绝缘工器具检查完毕，向工作负责人汇报检查结果	
9		检查低压带电作业车	斗内电工检查低压带电作业车表面状况：绝缘斗应清洁、无裂纹损伤。 试操作低压带电作业车： （1）试操作应空斗进行。 （2）试操作应充分，有回转、升降、伸缩的过程。确认液压、机械、电气系统正常可靠、制动装置可靠。 （3）低压带电作业车检查和试操作完毕，斗内电工向工作负责人汇报检查结果	
10	工作过程	进入适当工作位置	获得工作负责人许可后，作业人员穿戴好绝缘防护用具，携带绝缘传递绳，操作斗臂车移动至适当位置	
11		验电、安装滑车	获得工作负责人许可后，杆上作业人员使用验电器对绝缘子、横担等作业点周围接地体进行验电，确认无漏电现象。斗内作业人员在杆上可靠位置安全传递绳和滑车	
12		设置绝缘遮蔽	在接地体距离带电体较近，有可能造成短路等危险的情况的位置，对带电体进行遮蔽、隔离；按照"从近到远、从下到上"的遮蔽原则进行	
13		安装新拉线上端	地面作业人员利用滑车将新的拉线及抱箍传递至作业位置；斗内作业人员在杆顶安装新的抱箍及拉线	
14		收紧待更换拉线	地面作业人员使用紧线器收紧待更换拉线，紧线后应及时做好后备保护措施	
15		拆除旧拉线下端并安装新拉线	地面作业人员拆除旧拉线下端，并安装新拉线下端；地面作业人员拆除后备保护及紧线器，使新拉线受力；收放拉线时应观察电杆情况，防止出现拉脱或倒杆情况发生；调整拉线时斗内作业人员应暂时离开杆上作业位置	
16		拆除旧拉线	斗内作业人员拆除旧拉线上端并传递至地面，完成更换任务	
17		拆除遮蔽	获得工作负责人许可后，作业人员按照与设置绝缘遮蔽相反的顺序拆除；按照"从远到近、从上到下"的拆除原则进行	
18		返回地面	获得工作负责人许可后，杆上作业人员拆除滑车，检查线路、杆塔上无遗留物，检查安装质量合格后返回地面	
19	工作结束	召开收工会	工作负责人组织工作班成员召开现场收工会，并进行工作总结和点评工作： 点评本项工作的施工质量、工作班成员在作业中安全措施的落实情况及对规程的执行情况	
20		办理工作终结手续	工作负责人向设备运维管理人员汇报工作结束，并终结工作票；汇报内容为：工作负责人姓名，工作地点、工作任务完成情况，设备已恢复运行	
21		整理工器具和清理现场	工作负责人组织班组成员整理工具、材料，将工器具清洁后分类放置在专用工具箱（袋）内，清理现场，做到"工完料尽场地清"	

4.3 竣工内容应符合表1-31的要求。

表1-31 竣 工 内 容 的 要 求

序号	内 容
1	现场工作负责人全面检查工作完成情况无误后，组织清理现场及工具
2	通知运维管理人员，工作结束
3	终结工作票

5. 验收总结

验收总结应符合表1-32的要求。

表1-32 验 收 总 结 的 要 求

序号	验收总结
1	验收评价
2	存在问题及处理意见

6. 指导书执行情况评估

指导书执行情况评估应符合表1-33的要求。

表1-33 指导书执行情况评估的要求

评估内容	符合性	优		可操作项	
		良		不可操作项	
	可操作性	优		修改项	
		良		遗漏项	
存在问题					
改进意见					

第二节 带电安装低压接地环

带电安装低压接地环

1. 适用范围

本作业方法针对"0.4kV绝缘手套作业法低压带电作业车带电安装低压接地环"工作编写而成，仅适用于该项工作。

2. 引用文件

GB/T 18857《配电线路带电作业技术导则》

GB/T 18269—2008《交流1kV、直流1.5kV及以下带电作业用手工工具通用技术条件》

国家电网安质〔2014〕265 号《国家电网公司电力安全工作规程（配电部分）（试行）》

Q/GDW 10520—2016《10kV 配网不停电作业规范》

《国家电网公司 现场标准化作业指导书编制导则（试行）》

《关于印发国家电网公司深入开展现场标准化作业工作指导意见的通知》

Q/GDW 745—2012《配网设备缺陷分类标准》

Q/GDW 11261—2014《配网检修规程》

3. 作业前准备

3.1 现场勘查应符合表 1-34 的基本要求。

表 1-34　　　　　　　　　　　现场勘查的基本要求

序号	内容	标　准	备注
1	现场勘察	（1）现场工作负责人应提前组织有关人员进行现场勘察，根据勘察结果做出能否进行带电作业的判断，并确定作业方法及应采取的安全技术措施。 （2）现场勘察包括下列内容：作业现场条件是否满足施工要求，能否使用低压带电作业车，以及存在的作业危险点等。 （3）工作线路双重名称、杆号。 1）杆身完好无裂纹； 2）埋深符合要求； 3）基础牢固； 4）周围无影响作业的障碍物。 （4）线路装置是否具备带电作业条件。本项作业应检查确认的内容有： 1）缺陷严重程度； 2）是否具备带电作业条件； 3）作业范围内地面土壤坚实、平整，符合低压带电作业车安置条件。 （5）工作负责人指挥工作人员检查工作票所列安全措施，在工作票上补充安全措施	
2	了解现场气象条件	了解现场气象条件，判断是否符合《国家电网公司电力安全工作规程（配电部分）（试行）》对带电作业要求。 （1）天气应晴好，无雷、雨、雪、雾； （2）风力不大于 5 级； （3）相对湿度不大于 80%	
3	组织现场作业人员学习作业指导书	掌握整个操作程序，理解工作任务及操作中的危险点及控制措施	
4	工作票	低压工作票	

3.2 现场作业人员应符合表 1-35 的基本要求。

表 1-35　　　　　　　　　　　现场作业人员的基本要求

序号	内　容	备注
1	作业人员应身体健康，无妨碍作业的生理和心理障碍	
2	作业人员经培训合格，取得相应作业资质	
3	作业人员必须掌握《国家电网公司电力安全工作规程（配电部分）（试行）》相关知识，并经年度考试合格	
4	高空作业人员必须具备从事高空作业的身体素质	
5	作业人员应掌握紧急救护法，特别要掌握触电急救方法	

3.3　工器具配备应符合表 1−36 的要求。

表 1−36　　　　　　　　　工 器 具 配 备 的 要 求

序号	工器具名称		规格、型号	单位	数量	备注
1	特种车辆	低压带电作业车		辆	1	绝缘平台、绝缘梯、绝缘斗臂车等对地绝缘作业平台可替代
2	安全带	斗臂车专用安全带		副	1	
3	绝缘鞋	绝缘鞋	5kV	双	3	
4	安全帽	安全帽		顶	3	
5	个人防护用具	绝缘手套（含防穿刺手套）	0.4kV	副	1	
6		护目镜		副	1	
7		防电弧服	8cal/cm²	套	1	室外作业防电弧能力不小于 6.8cal/cm²
8	绝缘遮蔽用具	绝缘毯	1kV	块	8	可采用绝缘套管替代
9		绝缘毯夹		只	16	
10	绝缘工器具	绝缘绳		根	1	
11		绝缘斗外挂工具包		个	1	
12	其他主要工器具	验电器	0.4kV	根	1	
13		工频信号发生器	0.4kV	台	1	
14		绝缘钢丝钳		把	1	
15		温湿度计		台	1	
16		风速仪		台	1	
17		绝缘活络扳手		把	1	
18		钢丝刷		个	1	
19		绝缘剥削器		把	1	
20		电工刀		把	1	
21		防潮苫布	4m×4m	块	1	
22		对讲机		个	3	以满足作业人员需求为宜
23		围栏、安全警示牌等			若干	根据现场实际情况确定
24	所需材料	绝缘防水胶带	1kV	卷	1	
25		接地环		只	4	
26		电力复合脂		支	1	
27		清洁干燥毛巾		条	2	

3.4 危险点分析应符合表1-37的要求。

表1-37　　　　　　　　　危险点分析的要求

序号	内　容
1	工作负责人、专责监护人违章兼做其他工作或监护不到位，使作业人员失去监护
2	未设置防护措施及安全围栏、警示牌，发生行人车辆进入作业现场，造成危害发生
3	低压带电作业车位置停放不佳，附近存在电力线和障碍物，坡度过大，造成车辆倾覆人员伤亡事故
4	作业人员未对低压带电作业车支腿情况进行检查，误支放在沟道盖板上、未使用垫块或枕木、支撑不到位，造成车辆倾覆人员伤亡事故
5	低压带电作业车操作人员将低压带电作业车可靠接地
6	遮蔽作业时动作幅度过大，接触带电体形成回路，造成人身伤害
7	遮蔽不完整，留有漏洞、带电体暴露，作业时接触带电体形成回路，造成人身伤害
8	在同杆架设线路上工作，与上层线路小于安全距离规定且无法采取安全措施时，不得进行该项工作
9	安装接地环时，人体串入电路，造成人身伤害
10	未能正确使用个人防护用品、登杆工具，造成高处坠落人员伤害
11	地面人员在作业区下方逗留，造成高处落物伤害

3.5 安全注意事项应符合表1-38的要求。

表1-38　　　　　　　　　安全注意事项的要求

序号	内　容
1	作业现场应有专人负责指挥施工，做好现场的组织、协调工作。作业人员应听从工作负责人指挥。专责监护人应履行监护职责，不得兼做其他工作，要选择便于监护的位置，监护的范围不得超过一个作业点
2	作业现场及工具摆放位置周围应设置安全围栏、警示标志，防止行人及其他车辆进入作业现场，必要时应派专人守护
3	低压带电作业车应停放到最佳位置： （1）停放的位置应便于低压带电作业车绝缘斗到达作业位置，避开附近电力线和障碍物； （2）停放位置坡度不大于7°； （3）低压带电作业车应顺线路停放
4	作业人员应对低压带电作业车支腿情况进行检查，向工作负责人汇报检查结果。检查标准为： （1）不应支放在沟道盖板上。 （2）软土地面应使用垫块或枕木，垫板重叠不超过2块。 （3）支撑应到位。车辆前后、左右呈水平，整车支腿受力，车轮离地
5	低压带电作业车操作人员将低压带电作业车可靠接地
6	低压电气带电作业应戴绝缘手套（含防穿刺手套）、防护目镜、穿防电弧服，并保持对地绝缘；遮蔽作业时动作幅度不得过大，防止造成相间、相对地放电；若存在相间短路风险应加装绝缘遮蔽（隔离）措施
7	遮蔽应完整，遮蔽重合长度不小于5cm，避免留有漏洞、带电体暴露，作业时接触带电体形成回路，造成人身伤害
8	安装接地环时应避免人体串入电路造成人身伤害
9	正确使用个人防护用品、登杆工具，对脚扣、安全带进行冲击试验，避免意外断裂造成高处坠落人员伤害
10	地面人员不得在作业区下方逗留，避免造成高处落物伤害

3.6 人员组织应符合表 1-39 的要求。

表 1-39 人 员 组 织 的 要 求

人员分工	人数	工作内容
工作负责人	1人	全面负责现场作业；监护登杆作业人员安全
作业班组成员（斗内）	1人	负责作业（安装接地环）
作业班组成员（地面）	1人	负责地面配合作业

4. 作业程序

4.1 现场复勘的内容应符合表 1-40 的要求。

表 1-40 现场复勘的内容要求

序号	内 容	备注
1	工作负责人指挥工作人员核对工作线路双重名称、杆号	
2	工作负责人指挥工作人员检查地形环境是否符合作业要求： （1）杆身完好无裂纹； （2）埋深符合要求； （3）基础牢固； （4）周围无影响作业的障碍物	
3	工作负责人指挥工作人员检查线路装置是否具备带电作业条件。本项作业应检查确认的内容有： （1）缺陷严重程度； （2）是否具备带电作业条件； （3）作业范围内地面土壤坚实、平整，符合低压带电作业车安置条件	
4	线路装置是否具备带电作业条件	
5	工作负责人指挥工作人员检查气象条件： （1）天气应晴好，无雷、无雨、无雪、无雾； （2）风力不大于 5 级； （3）相对湿度不大于 80%	
6	工作负责人指挥工作人员检查工作票所列安全措施，在工作票上补充安全措施	

4.2 作业内容及标准应符合表 1-41 的要求。

表 1-41 作业内容及标准的要求

序号	作业步骤	作业内容	标 准	备注
1	开工	执行工作许可制度	工作负责人按工作票内容与设备运维管理单位联系，获得设备运维管理单位工作许可	
			工作负责人在工作票上签字，并记录许可时间	
		召开现场会	工作负责人宣读工作票	
			工作负责人检查工作班组成员精神状态，交待工作任务进行分工，交待工作中的安全措施和技术措施	
			工作负责人检查班组各成员对工作任务分工、安全措施和技术措施是否明确	
			班组各成员在工作票和作业指导书（卡）上签名确认	

续表

序号	作业步骤	作业内容	标　准	备注
1	开工	停放低压带电作业车	斗（臂）车驾驶员将低压带电作业车位置停放到最佳位置： （1）停放的位置应便于低压带电作业车绝缘斗到达作业位置，避开附近电力线和障碍物； （2）停放位置坡度不大于7°，低压带电作业车应顺线路停放	
			斗（臂）车操作人员支放低压带电作业车支腿，作业人员对支腿情况进行检查，向工作负责人汇报检查结果。检查标准为： （1）不应支放在沟道盖板上。 （2）软土地面应使用垫块或枕木，垫板重叠不超过2块。 （3）支撑应到位。车辆前后、左右呈水平；支腿应全部伸出，整车支腿受力，车轮离地	
			斗（臂）车操作人员将低压带电作业车可靠接地	
		布置工作现场	工作负责人组织班组成员设置工作现场的安全围栏、安全警示标志： （1）安全围栏的范围应考虑作业中高空坠落和高空落物的影响以及道路交通，必要时联系交通部门； （2）围栏的出入口应设置合理； （3）警示标示应包括"从此进出"、"施工现场"等，道路两侧应有"车辆慢行"或"车辆绕行"标示或障碍	
			班组成员按要求将绝缘工器具放在防潮苫布上： （1）防潮苫布应清洁、干燥； （2）工器具应按定置管理要求分类摆放； （3）绝缘工器具不能与金属工具、材料混放	
2	检查	检查绝缘工器具	班组成员使用清洁干燥毛巾逐件对绝缘工器具进行擦拭并进行外观检查： （1）检查人员应戴清洁、干燥的手套； （2）绝缘工具表面不应磨损、变形损坏，操作应灵活； （3）个人安全防护用具和遮蔽、隔离用具应无针孔、无砂眼、无裂纹	
			绝缘工器具检查完毕，向工作负责人汇报检查结果	
		检查低压带电作业车	斗内电工检查低压带电作业车表面状况：绝缘斗应清洁、无裂纹损伤	
			试操作低压带电作业车： （1）试操作应空斗进行。 （2）试操作应充分，有回转、升降、伸缩的过程。确认液压、机械、电气系统正常可靠、制动装置可靠	
			低压带电作业车检查和试操作完毕，斗内电工向工作负责人汇报检查结果	
		检查接地环	检查接地环： （1）接地环外观无损坏等情况，螺丝顺滑无卡涩； （2）接地环绝缘罩完好无破损	
3	作业施工	斗内电工进入绝缘斗	斗内电工穿戴好个人防护用具： （1）绝缘防护用具包括安全帽、绝缘手套（戴防刺手套）、绝缘鞋、防电弧服、护目镜等； （2）工作负责人应检查斗内电工绝缘防护用具的穿戴是否正确	
			斗内电工携带工器具进入绝缘斗： （1）工器具应分类放置工具袋中； （2）工器具的金属部分不准超出绝缘斗边缘面； （3）工具和人员重量不得超过绝缘斗额定载荷	
			斗内电工将斗内专用绝缘安全带系在斗内专用挂钩上	

序号	作业步骤	作业内容	标　准	备注
3	作业施工	进入带电作业区域	斗内电工经工作负责人许可后，进入带电作业区域： （1）斗内工作电工在作业过程中不得失去安全带保护； （2）斗内工作电工人身不得过度探出车斗，失去平衡； （3）再次确认线路状态，满足作业条件	
		验电	斗内电工使用验电器确认作业现场无漏电现象： （1）在带电导线上检验验电器是否完好。 （2）验电时作业人员应与带电导体保持安全距离，验电顺序应由近及远，验电时应戴绝缘手套。 （3）检验作业现场接地构件、绝缘子有无漏电现象，确认无漏电现象，验电结果汇报工作负责人	
		设置绝缘遮蔽隔离措施	获得工作负责人的许可后，斗内电工转移绝缘斗到近边相导线合适工作位置，按照"从近到远、从下到上"的顺序对作业中可能触及的带电体、接地体进行绝缘遮蔽隔离（每相导线用 2 块绝缘毯或者 1 块绝缘毯和一根绝缘套管遮蔽）： （1）依次对导线按照"先低后高、先近后远、先带电后接地"的顺序原则进行绝缘遮蔽（拆除时相反）； （2）斗内电工在对带电体设置绝缘遮蔽隔离措施时，动作应轻缓，对横担、带电体之间应有安全距离； （3）绝缘遮蔽隔离措施应严密、牢固，绝缘遮蔽组合应重叠	
		安装接地环	（1）斗内电工检查确认遮蔽无误。 （2）获得工作负责人的许可后，作业电工按"先近后远"原则使用专用绝缘导线剥皮工具剥削绝缘导线绝缘层。剥离处距离导线固定点不小于 50cm。 （3）对剥皮处导线进行氧化层处理，清除导线氧化层，涂刷电力复合脂。 （4）在剥皮处导线上安装专用接地环（如是绝缘导线，接地环安装后再加装绝缘罩，并在绝缘罩两侧采用绝缘包带包裹，进行防水处理）。 （5）在安装好接地环的导线上，安装绝缘套管或绝缘毯，恢复绝缘遮蔽隔离措施，对其余邻相导线按照（2）～（4）步骤进行相同操作，安装接地环。 （6）接地环的安装位置相互交错，避免相间距离不足，A 相、零线上的接地环保持一水平线，B 相、C 相导线上的接地环保持一水平线。 （7）上下传递工具、材料均应使用绝缘绳传递，严禁抛、扔。 （8）作业电工在转移作业位置、接触带电导线前均应得到工作监护人的许可。 （9）作业时，严禁人体同时接触两个不同电位的物体	
		拆除绝缘遮蔽隔离措施	在获得工作负责人的许可后： （1）斗内电工检查确认接地环安装无误后，拆除绝缘遮蔽。 （2）在拆除遮蔽时动作应轻缓，对横担等地电位构件、邻相导线之间应有安全距离。 （3）绝缘遮蔽用具的拆除，按照"从远到近、从上到下"的原则拆除绝缘遮蔽；可由复杂到简单、先难后易的原则进行，也可视现场实际情况从远到近依次进行。 （4）绝缘斗退出有电工作区域，作业人员返回地面	
		撤离作业面	（1）斗内电工清理工作现场，杆上、线上无遗留物，向工作负责人汇报施工质量。 （2）工作负责人应进行全面检查安装质量，符合运行条件，确认工作完成无误后，向工作许可人汇报。 （3）低压带电作业车收回臂、斗，斗内电工下车	

续表

序号	作业步骤	作业内容	标　　准	备注
4	质量检查	现场工作负责人检查作业质量	全面检查作业质量，无遗漏的工具、材料等	
5	完工	现场工作负责人检查工作现场	现场工作负责人全面检查工作完成情况	

4.3　竣工内容应符合表 1-42 的要求。

表 1-42　　　　　　　　　　竣 工 内 容 的 要 求

序号	内　　容
1	清理工具及现场： （1）收回工器具、材料，摆放在防雨苫布上。 （2）工作负责人全面检查工作完成情况，清点整理工具、材料，将工器具清洁后放入专用的箱（袋）中，组织班组成员认真检查现场无遗留物，无误后撤离现场，做到"工完料尽场地清"
2	办理工作终结手续：工作负责人向设备运维管理单位（工作许可人）汇报工作结束，终结工作票
3	召开收工会：工作负责人组织召开现场收工会，做工作总结和点评工作： （1）正确点评本项工作的施工质量； （2）点评班组成员在作业中的安全措施的落实情况； （3）点评班组成员对规程的执行情况
4	作业人员撤离现场

5. 验收总结

验收总结应符合表 1-43 的要求。

表 1-43　　　　　　　　　　验 收 总 结 的 要 求

序号	验收总结	
1	验收评价	
2	存在问题及处理意见	

6. 指导书执行情况评估

指导书执行情况评估应符合表 1-44 的要求。

表 1-44　　　　　　　　　　指导书执行情况评估的要求

评估内容	符合性	优		可操作项	
		良		不可操作项	
	可操作性	优		修改项	
		良		遗漏项	
存在问题					
改进意见					

第三节 带电断低压接户线引线

带电断低压
接户线引线

1. 适用范围

本作业方法适用于带电断低压接户线（集束电缆、普通低压电缆、铝塑线）引线（空载）作业。

2. 引用文件

Q/GDW 10520—2016《10kV 配网不停电作业规范》

Q/GDW 1519—2014《配网运维规程》

国家电网安质〔2014〕265 号《国家电网公司电力安全工作规程（配电部分）（试行）》

GB/T 14286《带电作业工具设备术语》

GB/T 18857《配电线路带电作业技术导则》

DL/T 477—2010《农村电网低压电气安全工作规程》

DL/T 493—2015《农村低压安全用电规程》

DL/T 499—2001《农村低压电力技术规程》

3. 作业前准备

3.1 现场勘查应符合表 1-45 的基本要求。

表 1-45 现场勘查的基本要求

序号	内容	标 准	备注
1	现场勘察	（1）现场工作负责人应提前组织有关人员进行现场勘查，根据勘查结果做出能否进行带电作业的判断，并确定作业方法及应采取的安全技术措施。 （2）现场勘查包括下列内容：作业现场条件是否满足施工要求，能否使用绝缘斗（臂）车，以及存在的作业危险点等。 （3）工作线路双重名称、杆号。 1）杆身完好无裂纹； 2）埋深符合要求； 3）基础牢固； 4）周围无影响作业的障碍物； （4）线路装置是否具备带电作业条件。本项作业应检查确认的内容有： 1）缺陷严重程度； 2）是否具备带电作业条件； 3）作业范围内地面土壤坚实、平整，符合绝缘斗（臂）车安置条件； （5）确认负荷确已断开； （6）工作负责人指挥工作人员检查工作票所列安全措施，在工作票上补充安全措施	
2	了解现场气象条件	了解现场气象条件，判断是否符合《国家电网公司电力安全工作规程（配电部分）（试行）》对带电作业要求。 （1）天气应晴好，无雷、无雨、无雪、无雾； （2）风力不大于 5 级； （3）相对湿度不大于 80%	

序号	内容	标　准	备注
3	组织现场作业人员学习作业指导书	掌握整个操作程序，理解工作任务及操作中的危险点及控制措施	
4	工作票	低压工作票	

3.2　现场作业人员应符合表 1-46 的基本要求。

表 1-46　　　　　　　　　　现场作业人员的基本要求

序号	内　容	备注
1	作业人员应身体健康，无妨碍作业的生理和心理障碍	
2	作业人员经培训合格，取得相应作业资质	
3	作业人员必须掌握《国家电网公司电力安全工作规程（配电部分）（试行）》相关知识，并经年度考试合格	
4	高空作业人员必须具备从事高空作业的身体素质	
5	作业人员应掌握紧急救护法，特别要掌握触电急救方法	

3.3　工器具配备应符合表 1-47 的要求。

表 1-47　　　　　　　　　　工 器 具 配 备 的 要 求

序号	分类	工具名称	规格/型号	单位	数量	备注
1	承载（升降）工具	绝缘承载工具	低压带电作业车	辆	1	绝缘斗臂车、绝缘梯、绝缘平台可替代
		脚扣		双	1	
2	个人防护用具	防电弧服	8cal/cm²	套	1	室外作业防电弧能力不小于 6.8cal/cm²；配电柜等封闭空间作业不小于 27cal/cm²
		防电弧手套	8cal/cm²	套	1	
		护目镜		副	1	
		绝缘鞋	5kV	双	1	
		双控背带式安全带		副	1	
		绝缘手套	1kV	副	1	
		防护手套		副	1	
		安全帽		顶	3	
3	绝缘遮蔽用具	绝缘塑料自动夹紧滑套	1kV	个	3	
		绝缘毯	1kV	张	3	
		绝缘毯夹		个	5	
4	绝缘操作工具	绝缘柄断线钳	1kV	个	1	
		个人手工绝缘工具	1kV	套	1	

续表

序号	分类	工具名称	规格/型号	单位	数量	备注
5	辅助工具	对讲机		个	3	
		防潮垫或毡布		块	2	
		安全警示带（牌）		套	5	
		绝缘传递绳		条	2	
6	仪器仪表	钳形电流表（带绝缘柄）		只	1	
		温湿度仪		块	1	
		风速仪		块	1	
		低压验电器	0.4kV	支	1	
		低压测试仪		只	1	

3.4 危险点分析应符合表1-48的要求。

表1-48 危险点分析的要求

序号	内容
1	带电作业专责监护人违章兼做其他工作或监护不到位，使作业人员失去监护
2	未检查低压接户线（集束电缆、普通低压电缆、铝塑线）载流情况，造成带负荷断引线
3	带电断引线时顺序错误
4	已断开的引线因感应电对人体造成伤害
5	绝缘工具使用前未进行外观检查及绝缘性能检测，因损伤或有缺陷未及时发现造成人身、设备事故
6	带电作业人员穿戴防护用具不规范，造成触电伤害
7	作业人员未按规定进行绝缘遮蔽或遮蔽不严密，造成触电伤害
8	高空落物，造成人员伤害。操作电工不系安全带，造成高空坠落
9	仪表与带电设备未保持安全距离造成工作人员触电伤害
10	操作不当，产生电弧，对人体造成弧光烧伤

3.5 安全注意事项应符合表1-49的要求。

表1-49 安全注意事项的要求

序号	内容
1	专责监护人应履行监护职责，不得兼做其他工作，要选择便于监护的位置，监护的范围不得超过一个作业点
2	作业现场及工具摆放位置周围应设置安全围栏、警示标志，防止行人及其他车辆进入作业现场
3	作业前应确认低压接户线（集束电缆、普通低压电缆、铝塑线）为空载状态
4	带电断引线应严格按照"先相线、后零线"的顺序。先断电源侧、后断负荷侧
5	已断开引线的金属裸露部分应及时恢复绝缘保护

序号	内　　容
6	带电作业过程中，作业人员应始终穿戴齐全防护用具。保持人体与邻相带电体及接地体的安全距离
7	应对作业范围内的带电体和接地体等所有设备进行遮蔽
8	在带电作业过程中如设备突然停电，作业人员应视设备仍然带电。作业过程中绝缘工具金属部分应与接地体保持足够的安全距离
9	上下传递物品必须使用绝缘传递绳索，严禁高空抛物。尺寸较长的部件，应用绝缘传递绳捆扎牢固后传递。工作过程中，工作点下方禁止站人。操作电工应系好安全带，传递绝缘工具时，应一件一件地分别传递
10	须正确穿戴防电弧能力不小于 $6.8cal/cm^2$ 的分体防弧光工作服，戴相应防护等级的防电弧面屏

3.6　人员组织应符合表 1−50 的要求。

表 1−50　　　　　　　　　　　　人 员 组 织 的 要 求

序号	作业人员	人数	作业内容
1	工作负责人（监护人）	1 人	负责现场作业
2	操作电工	1 人	负责带电断低压接户线引线（空载）
3	地面电工	1 人	负责现场布置、传递工器具等

4. 作业程序

4.1　现场复勘的内容应符合表 1−51 的要求。

表 1−51　　　　　　　　　　　　现场复勘的内容要求

序号	内　　容	备注
1	确认架空线路设备及周围环境满足作业条件	
2	确认现场气象条件满足作业要求	

4.2　作业内容及标准应符合表 1−52 的要求。

表 1−52　　　　　　　　　　　　作业内容及标准的要求

序号	作业步骤	作业内容	标　　准	备注
1	开工	（1）现场工作负责人与设备运维管理单位联系。 （2）现场工作负责人发布开始工作的命令	（1）现场工作负责人与设备运维管理单位履行许可手续。 （2）现场工作负责人应分别向作业人员宣读工作票，布置工作任务，明确人员分工、作业程序、现场安全措施，进行危险点告知，并履行确认手续。 （3）现场工作负责人发布开始工作的命令	
2	检查	（1）在作业现场设置安全围栏和警示标志。 （2）作业人员检查电杆、拉线及周围环境。 （3）检查绝缘工具、防护用具。 （4）绝缘工具绝缘性能检测。 （5）检查脚扣、双控背带式安全带	（1）安全围栏和警示标志满足规定要求。 （2）电杆、拉线基础完好，拉线无腐蚀情况，线路设备及周围环境满足作业条件。 （3）绝缘工具、防护用具性能完好，并在试验周期内。 （4）对脚扣、双控背带式安全带进行外观检查，并作冲击试验	

续表

序号	作业步骤	作业内容	标　准	备注
3	验电验流	（1）操作电工到达作业位置首先进行验电。 （2）操作电工验流，确认待断接户线（集束电缆、普通低压电缆、铝塑线）无负荷	（1）操作电工到达作业位置，在登高过程中不得失去安全带保护。 （2）验电时操作电工应与临近带电设备保持足够的安全距离。 （3）验电顺序应按照"先带电体、后接地体"顺序进行，确认线路外绝缘良好可靠，无漏电情况。 （4）验电时，操作电工身体各部位应与其他带电设备保持足够的安全距离。 （5）验流时，确认待断接户线（集束电缆、普通低压电缆、铝塑线）负荷侧开关、刀闸处于断开状态，并对待接引线验明无电流、电压后方可开始断引线	
4	绝缘遮蔽	操作电工对作业范围内的所有带电体和接地体进行绝缘遮蔽	（1）在接近带电体过程中，应使用验电器从下方依次验电。 （2）对带电体设置绝缘遮蔽时，按照"从近到远"的原则，从离身体最近的带电体依次设置；对上下多回分布的带电导线设置遮蔽用具时，应按照"从下到上"的原则，从下层导线开始依次向上层设置。 （3）使用绝缘毯时应用绝缘夹夹紧，防止脱落	
5	确认	（1）确认接户线（集束电缆、普通低压电缆、铝塑线）引线电气回路处于空载隔离状态。 （2）确认接户线（集束电缆、普通低压电缆、铝塑线）引线的零线、相线	（1）使用钳形电流表逐相验明相线、零线确无电流。 （2）使用低压测试仪，通过多次点测不同相与相间电压，明确相线与零线	
6	断引	（1）断进户线引线：按照"先相线、后零线"顺序，先拆除接户线（集束电缆、普通低压电缆、铝塑线）相线的引线。 （2）断零线	（1）断线前用绝缘锁杆固定引线，防止引线摆动。 （2）将断开引线的金属裸露部分用绝缘塑料自动夹紧滑套进行绝缘保护。 （3）由近及远逐相拆除接户线（集束电缆、普通低压电缆、铝塑线）相线，最后拆除零线的引线	
7	拆除遮蔽	操作电工拆除作业范围内的所有带电体和接地体的绝缘遮蔽	按照"由远至近""从上到下"的顺序依次拆除绝缘遮蔽	
8	施工质量检查	现场工作负责人检查作业质量	全面检查作业质量，无遗漏的工具、材料等	
9	完工	现场工作负责人检查工作现场	现场工作负责人全面检查工作完成情况	

4.3　竣工内容应符合表1-53的要求。

表1-53　　　　　　　　　竣工内容的要求

序号	内容
1	清理工具及现场： （1）收回工器具、材料，摆放在防雨苫布上。 （2）工作负责人全面检查工作完成情况，清点整理工具、材料，将工器具清洁后放入专用的箱（袋）中，组织班组成员认真检查现场无遗留物，无误后撤离现场，做到"工完料尽场地清"
2	办理工作终结手续：工作负责人向设备运维管理单位（工作许可人）汇报工作结束，停用重合闸的需申请恢复线路重合闸装置（剩余电流动作保护器），终结工作票

续表

序号	内　　容
3	召开收工会：工作负责人组织召开现场收工会，做工作总结和点评工作： （1）正确点评本项工作的施工质量； （2）点评班组成员在作业中的安全措施的落实情况； （3）点评班组成员对规程的执行情况
4	作业人员撤离现场

5. 验收总结
验收总结应符合表 1-54 的要求。

表 1-54　　　　　　　**验 收 总 结 的 要 求**

序号	验收总结	
1	验收评价	
2	存在问题及处理意见	

6. 指导书执行情况评估
指导书执行情况评估应符合表 1-55 的要求。

表 1-55　　　　　　　**指导书执行情况评估的要求**

评估内容	符合性	优		可操作项	
		良		不可操作项	
	可操作性	优		修改项	
		良		遗漏项	
存在问题					
改进意见					

第四节　带电接低压接户线引线

带电接低压
接户线引线

1. 适用范围
本作业方法适用于带电接低压接户线（集束电缆、普通低压电缆、铝塑线）引线（空载）作业。

2. 引用文件
Q/GDW 10520—2016《10kV 配网不停电作业规范》
Q/GDW 1519—2014《配网运维规程》
国家电网安质〔2014〕265 号《国家电网公司电力安全工作规程（配电部分）（试行）》

GB/T 14286《带电作业工具设备术语》

GB/T 18857《配电线路带电作业技术导则》

DL/T 477—2010《农村电网低压电气安全工作规程》

DL/T 493—2015《农村低压安全用电规程》

DL/T 499—2001《农村低压电力技术规程》

3. 作业前准备

3.1　现场勘查应符合表 1–56 的基本要求。

表 1–56　　　　　　　　　　现场勘查的基本要求

序号	内容	标　　准	备注
1	现场勘察	（1）工作负责人应提前组织有关人员进行现场勘查，根据勘查结果做出能否进行带电作业的判断，并确定作业方法及应采取的安全技术措施； （2）现场勘查包括下列内容：线路运行方式、杆线状况、设备交叉跨越状况、现场道路是否满足作业要求，以及存在的作业危险点等	
2	明确工作任务	10kV××线××#台区接低压接户线（集束电缆、普通低压电缆、铝塑线）引线（空载）	
3	办理工作票	（1）填写、审核工作票的正确性； （2）交工作票签发人进行签发	
4	召开班前会	（1）组织学习本次作业的作业指导书； （2）做好危险点分析； （3）交待安全注意事项； （4）学习检修质量技术标准； （5）交待人员分工； （6）工器具及材料准备	

3.2　现场作业人员应符合表 1–57 的基本要求。

表 1–57　　　　　　　　　　现场作业人员的基本要求

序号	内　　容	备注
1	作业人员应身体健康，无妨碍作业的生理和心理障碍	
2	作业人员经培训合格，持证上岗	
3	作业人员应掌握紧急救护法，特别要掌握触电急救方法	

3.3　工器具配备应符合表 1–58 的要求。

表 1–58　　　　　　　　　　工 器 具 配 备 的 要 求

序号	分类	工具名称	规格/型号	单位	数量	备　　注
1	承载（升降）工具	绝缘承载工具	低压带电作业车	辆	1	绝缘斗臂车、绝缘梯、绝缘平台可替代
		脚扣		双	1	

序号	分类	工具名称	规格/型号	单位	数量	备 注
2	绝缘防护用具	防电弧服	8cal/cm²	套	1	室外作业防电弧能力不小于6.8cal/cm²；配电柜等封闭空间作业不小于 27cal/cm²
		护目镜		副	1	
		绝缘手套	1kV	副	1	
		防护手套		副	1	
		双控背带式安全带		副	1	
		绝缘鞋	5kV	双	1	
		安全帽		顶	3	
3	绝缘遮蔽用具	绝缘塑料自动夹紧滑套	1kV	个	3	
		绝缘毯	1kV	张	3	
		绝缘毯夹		个	5	
4	绝缘操作工具	个人手工绝缘工具	1kV	套	1	
5	辅助工具	对讲机		个	3	
		防潮垫或毡布		块	2	
		安全警示带（牌）		套	5	
		绝缘绳		条	9	
6	仪器仪表	钳形电流表（带绝缘柄）		只	1	
		温湿度仪		块	1	
		风速仪		块	1	
		低压验电器	0.4kV	支	1	
		低压测试仪		只	1	

3.4 危险点分析应符合表 1−59 的要求。

表 1−59　　　　　危 险 点 分 析 的 要 求

序号	内　　　容
1	带电作业专责监护人违章兼做其他工作或监护不到位，使作业人员失去监护
2	未检查低压接户线（集束电缆、普通低压电缆、铝塑线）载流情况，造成带负荷接引线
3	带电接引线时顺序错误
4	未搭接的引线因感应电对人体造成伤害

续表

序号	内　容
5	接引线时相序错误
6	绝缘工具使用前未进行外观检查及绝缘性能检测，因损伤或有缺陷未及时发现造成人身、设备事故
7	带电作业人员穿戴防护用具不规范，造成触电伤害
8	作业人员未按规定进行绝缘遮蔽或遮蔽不严密，造成触电伤害
9	高空落物，造成人员伤害。操作电工不系安全带，造成高空坠落
10	操作不当，产生电弧，对人体造成弧光烧伤

3.5　安全注意事项应符合表 1–60 的要求。

表 1–60　　　　　　　　　　　安全注意事项的要求

序号	内　容
1	专责监护人应履行监护职责，不得兼做其他工作，要选择便于监护的位置，监护的范围不得超过一个作业点
2	作业前应确认低压接户线（集束电缆、普通低压电缆、铝塑线）为空载状态
3	带电接接户线（集束电缆、普通低压电缆、铝塑线）引线应严格按照"先零线、后相线"的顺序进行。先接负荷侧，后接电源侧
4	未搭接引线的金属裸露部分应有绝缘保护
5	应和运行部门在接户线（集束电缆、普通低压电缆、铝塑线）负荷侧核实确认接户线（集束电缆、普通低压电缆、铝塑线）相序的正确性，并试送电
6	不停电作业过程中如设备突然停电，作业人员应视设备仍然带电。作业过程中绝缘工具金属部分应与接地体保持足够的安全距离
7	不停电作业过程中，作业人员应始终穿戴齐全防护用具。保持人体与邻相带电体及接地体的安全距离
8	应对作业范围内的带电体和接地体等所有设备进行遮蔽
9	上下传递物品必须使用绝缘传递绳，严禁高空抛物。尺寸较长的部件，应用绝缘传递绳捆扎牢固后传递。工作过程中，工作点下方禁止站人。 高处作业人员应系好安全带，传递绝缘工具时，应一件一件地分别传递
10	须正确穿戴防电弧能力不小于 $6.8cal/cm^2$ 的分体防电弧工作服，戴相应防护等级的防电弧面屏

3.6　人员组织应符合表 1–61 的要求。

表 1–61　　　　　　　　　　人员组织的要求

序号	作业人员	人数	作业内容
1	工作负责人（监护人）	1 人	负责现场作业
2	操作电工	1 人	负责不停电接低压接户线（集束电缆、普通低压电缆、铝塑线）引线（空载）
3	地面电工	1 人	负责现场布置、传递工器具等

4. 作业程序

4.1 现场复勘的内容应符合表 1−62 的要求。

表 1−62　　　　　　　　　　　现场复勘的内容要求

序号	内　容	备注
1	确认架空线路设备及周围环境满足作业条件	
2	确认现场气象条件满足作业要求	

4.2 作业内容及标准应符合表 1−63 的要求。

表 1−63　　　　　　　　　　　作业内容及标准的要求

序号	作业步骤	作业内容	标　准	备注
1	开工	（1）现场工作负责人与设备运维管理单位联系。 （2）现场工作负责人发布开始工作的命令	（1）现场工作负责人与设备运维管理单位履行许可手续。 （2）现场工作负责人应分别向作业人员宣读工作票，布置工作任务、明确人员分工、作业程序、现场安全措施，进行危险点告知，并履行确认手续。 （3）现场工作负责人发布开始工作的命令	
2	检查	（1）在作业现场设置安全围栏和警示标志。 （2）作业人员检查电杆、拉线及周围环境。 （3）检查绝缘工具、防护用具。 （4）绝缘工具绝缘性能检测。 （5）检查脚扣、双控背带式安全带	（1）安全围栏和警示标志满足规定要求。 （2）电杆、拉线基础完好，拉线无腐蚀情况，线路设备及周围环境满足作业条件。 （3）绝缘工具、防护用具性能完好，并在试验周期内。 （4）对脚扣、双控背带式安全带进行外观检查，并作冲击试验	
3	验电验流	（1）操作电工到达作业位置首先进行验电。 （2）操作电工验流，确认待接户线（集束电缆、普通低压电缆、铝塑线）路无负荷	（1）操作电工到达作业位置，在登高过程中不得失去安全带保护。 （2）验电时操作电工应与临近带电设备保持足够的安全距离。 （3）验电顺序应按照"先带电体、后接地体"顺序进行，确认线路外绝缘良好可靠，无漏电情况。 （4）验电时，操作电工身体各部位应与其他带电设备保持足够的安全距离。 （5）验流时，确认待接接户线（集束电缆、普通低压电缆、铝塑线）负荷侧开关、刀闸处于断开状态，并对待接引线验明无电流、电压后方可开始搭接引线	
4	绝缘遮蔽	操作电工对作业范围内的所有带电体和接地体进行绝缘遮蔽	（1）对带电体设置绝缘遮蔽时，按照从近到远的原则，从离身体最近的带电体依次设置；对上下多回分布的带电导线设置遮蔽用具时，应按照从下到上的原则，从下层导线开始依次向上层设置。 （2）使用绝缘毯时应用绝缘夹夹紧，防止脱落	
5	确认	确认架空导线相序和接户线的相序标识	使用低压测试仪，通过多次点测不同相与相间电压，明确相线与零线	

序号	作业步骤	作业内容	标　　准	备注
6	接引	操作电工搭接接户线（集束电缆、普通低压电缆、铝塑线）的引线	（1）安装低压接户线（集束电缆、普通低压电缆、铝塑线）的抱箍，并收紧引线至合适位置。 （2）将引线金属裸露部分采用绝缘塑料自动夹紧滑套进行绝缘保护后，整理引线。 （3）剥除主线与引线绝缘外皮，先搭接接户线（集束电缆、普通低压电缆、铝塑线）零线的引线，再由远至近依次搭接相线（火线）引线。 （4）接户线（集束电缆、普通低压电缆、铝塑线）引线每相接引点依次相距 0.2m	
7	拆除遮蔽	操作电工拆除作业范围内的所有带电体和接地体的绝缘遮蔽	按照"由远至近""从上到下"的顺序依次拆除绝缘遮蔽	
8	施工质量检查	现场工作负责人检查作业质量	全面检查作业质量，无遗漏的工具、材料等	
9	完工	现场工作负责人检查工作现场	现场工作负责人全面检查工作完成情况	

4.3　竣工内容应符合表 1−64 的要求。

表 1−64　　　　　　　　　　　　竣 工 内 容 的 要 求

序号	内　　容
1	现场工作负责人全面检查工作完成情况无误后，组织清理现场及工具
2	通知设备运维管理单位，工作结束
3	终结工作票

5. 验收总结

验收总结应符合表 1−65 的要求。

表 1−65　　　　　　　　　　　　验 收 总 结 的 要 求

序号	检修总结	
1	验收评价	
2	存在问题及处理意见	

6. 指导书执行情况评估

指导书执行情况评估应符合表 1−66 的要求。

表 1-66 指导书执行情况评估的要求

评估内容	符合性	优		可操作项	
		良		不可操作项	
	可操作性	优		修改项	
		良		遗漏项	
存在问题					
改进意见					

第五节　带电断分支线路引线

带电断分支
线路引线

1. 适用范围

本作业方法适用于带电断 0.4kV 分支线路引线（空载）作业。

2. 编制依据

Q/GDW 10520—2016《10kV 配网不停电作业规范》

Q/GDW 1519—2014《配网运维规程》

国家电网安质〔2014〕265 号《国家电网公司电力安全工作规程（配电部分）（试行）》

GB/T 14286《带电作业工具设备术语》

GB/T 18857《配电线路带电作业技术导则》

DL/T 477—2010《农村电网低压电气安全工作规程》

DL/T 493—2015《农村低压安全用电规程》

DL/T 499—2001《农村低压电力技术规程》

3. 作业前准备

3.1 现场勘查应符合表 1-67 的基本要求。

表 1-67 现场勘查的基本要求

序号	内容	标　准	备注
1	现场勘察	（1）工作负责人应提前组织有关人员进行现场勘查，根据勘查结果做出能否进行带电作业的判断，并确定作业方法及应采取的安全技术措施； （2）现场勘查包括下列内容：线路运行方式、杆线状况、设备交叉跨越状况、现场道路是否满足作业要求，能否停放低压 0.4kV 综合抢修车（可升降）、绝缘梯、绝缘平台等绝缘承载工具，以及其他的作业危险点等	
2	明确工作任务	10kV××线××#台区断 0.4kV 分支线路引线（空载）	

续表

序号	内容	标　准	备注
3	办理工作票	（1）填写、审核工作票的正确性； （2）交工作票签发人进行签发	
4	召开班前会	（1）组织学习本次作业的作业指导书； （2）做好危险点分析； （3）交待安全注意事项； （4）学习检修质量技术标准； （5）交待人员分工； （6）工器具及材料准备	

3.2　现场作业人员应符合表 1–68 的基本要求。

表 1–68　　　　　　　　　现场作业人员的基本要求

序号	内　容	备注
1	作业人员应身体健康，无妨碍作业的生理和心理障碍	
2	作业人员经培训考试合格，持证上岗	
3	工作负责人（监护人）应选具有此类作业经验的人员担任	
4	作业人员应掌握紧急救护法，特别要掌握触电急救方法	

3.3　工器具配备应符合表 1–69 的要求。

表 1–69　　　　　　　　工 器 具 配 备 的 要 求

序号	分类	工具名称	规格/型号	单位	数量	备　注
1	承载（升降）工具	绝缘承载工具	低压带电作业车	辆	1	绝缘斗臂车、绝缘梯、绝缘平台可替代
		脚扣		副	1	
2	个人防护用具	绝缘手套	1kV	副	1	
		防护手套		副	1	
		绝缘鞋		双	1	
		防电弧服	8cal/cm²	套	1	室外作业防电弧能力不小于6.8cal/cm²；配电柜等封闭空间作业不小于 27cal/cm²
		护目镜		副	1	
		双控背带式安全带		副	1	斗内电工用
		安全帽		顶	3	数量与人员对应

续表

序号	分类	工具名称	规格/型号	单位	数量	备　注
3	绝缘遮蔽用具	绝缘毯	1kV	张	若干	
		导线遮蔽罩	1kV	个	若干	
		绝缘毯夹		个	若干	
4	操作工具	绝缘柄断线钳	1kV	个	1	
		个人手工绝缘工具	1kV	套	1	
		绝缘自粘带	0.4kV	卷	1	
5	辅助工具	对讲机		个	3	
		防潮垫或毡布		块	2	
		安全警示带（牌）		套	10	
		绝缘传递绳		条	1	
6	仪器仪表	钳形电流表（带绝缘柄）		只	1	
		温湿度仪		块	1	
		风速仪		块	1	
		低压验电器	0.4kV	支	1	
		低压测试仪		只	1	

3.4 危险点分析应符合表 1-70 的要求。

表 1-70　　　　　　　　　危 险 点 分 析 的 要 求

序号	内　　容
1	带电作业专责监护人违章兼做其他工作或监护不到位，使作业人员失去监护
2	未检查待断分支线路载流情况，造成带负荷断引线
3	带电断引线时顺序错误
4	已断开引线触及人体的同时接触其他带电体造成触电伤害
5	绝缘工具使用前未进行外观检查及绝缘性能检测，因损伤或有缺陷未及时发现造成人身、设备事故
6	带电作业人员穿戴防护用具不规范，造成触电伤害
7	作业人员未按规定进行绝缘遮蔽或遮蔽不严密，造成触电伤害
8	绝缘工具金属部分或绑扎线过长造成单相接地或相间短路
9	高空落物，造成人员伤害
10	仪表与带电设备未保持安全距离造成工作人员触电伤害
11	登杆作业人员不系安全带，造成高空坠落
12	操作不当，产生电弧，对人体造成弧光烧伤

3.5 安全注意事项应符合表 1–71 的要求。

表 1–71 安全注意事项的要求

序号	内　　容
1	专责监护人应履行监护职责，不得兼做其他工作，要选择便于监护的位置，监护的范围不得超过一个作业点
2	作业前应确认待断分支线路为空载状态
3	带电断引线应严格按照"先相线、后零线"的顺序。先断电源侧、后断负荷侧
4	已断开引线及导线的金属裸露部分应及时恢复绝缘保护
5	作业前应对所有工器具进行检查、检测，确保性能良好，构件紧固，无松脱及损伤
6	带电作业过程中，作业人员应始终穿戴齐全防护用具。保持人体与邻相带电体及接地体的安全距离
7	应对作业范围内的带电体和接地体等所有设备进行遮蔽
8	作业过程中绑扎线不宜展放过长，手工工具应有绝缘手柄或绝缘外护套，金属部分与接地体保持足够的安全距离
9	作业现场及工具摆放位置周围应设置安全围栏、警示标志，防止行人及其他车辆进入作业现场。上下传递物品必须使用绝缘传递绳索，严禁高空抛物。尺寸较长的部件，应用绝缘传递绳捆扎牢固后传递。工作过程中，工作点下方禁止站人。传递绝缘工具时，应一件一件地分别传递或使用工具袋传递
10	作业人员验电时应该与带电体保持足够的安全距离，不得穿越未进行绝缘遮蔽的低压线路及设备
11	作业人员在登杆过程中不得失去安全带保护
12	须正确穿戴防电弧能力不小于 6.8cal/cm² 的分体防电弧工作服，戴相应防护等级的防电弧面屏

3.6 人员组织应符合表 1–72 的要求。

表 1–72 人员组织的要求

序号	作业人员	人数	作业内容
1	工作负责人（兼职监护人）	1 人	负责现场作业并履行监护职责
2	地面电工	1 人	负责工器具传递及其他地面辅助工作
3	操作电工	1 人	负责带电断分支线路引线（空载）

4. 作业程序

4.1 现场复勘的内容应符合表 1–73 的要求。

表 1–73 现场复勘的内容要求

序号	内　　容	备注
1	确认架空线路设备及周围环境满足作业条件	
2	确认现场气象条件满足作业要求	

4.2 作业内容及标准应符合表1-74的要求。

表1-74 作业内容及标准的要求

序号	作业步骤	作业内容	标 准	备注
1	开工	（1）现场工作负责人与设备运维管理单位联系。 （2）现场工作负责人发布开始工作的命令	（1）现场工作负责人与设备运维管理单位履行许可手续，确认待断分支线路所接设备已切除，线路处于空载状态。 （2）现场工作负责人应分别向作业人员宣读工作票，布置工作任务、明确人员分工、作业程序、现场安全措施、进行危险点告知，并履行确认手续。 （3）现场工作负责人发布开始工作的命令	
2	检查	（1）在作业现场设置安全围栏和警示标志。 （2）作业人员检查电杆、拉线、分支线路紧固线夹及周围环境。 （3）检查绝缘工具、防护用具。 （4）绝缘工具绝缘性能检测。 （5）检查脚扣、双控背带式安全带	（1）安全围栏和警示标志满足规定要求。 （2）电杆、拉线基础完好，拉线无腐蚀情况，线路设备及周围环境满足作业条件。 （3）绝缘工具、防护用具性能完好，并在试验周期内。 （4）使用绝缘电阻检测仪将绝缘工具进行绝缘检测。 （5）对脚扣、双控背带式安全带进行外观检查，并作冲击试验	
3	验电验流	（1）操作电工到达作业位置首先进行验电。 （2）操作电工验流，确认待断分支线路无负荷	（1）操作电工到达作业位置，在登高过程中不得失去安全带保护。 （2）验电时操作电工应与临近带电设备保持足够的安全距离。 （3）验电顺序应按照先带电体后接地体顺序进行，确认分支线路外绝缘良好可靠，无漏电情况。 （4）验流时，操作电工身体各部位应与其他带电设备保持足够的安全距离。 （5）验流时，不仅三相线需要进行验流，零线也应进行验流，待确认所有相线都无电流后方可开始断引线作业	
4	绝缘遮蔽	操作电工对作业范围内的所有带电体和接地体进行绝缘遮蔽	（1）对带电体设置绝缘遮蔽时，按照从近到远的原则，从离身体最近的带电体依次设置；对上下多回分布的带电导线设置遮蔽用具时，应按照从下到上的原则，从下层导线开始依次向上层设置。 （2）使用绝缘毯时应用绝缘夹夹紧，防止脱落。 （3）对作业点附近的拉线、接户线及其他可触及范围内的低压部件也需进行遮蔽。 （4）设置绝缘遮蔽隔离措施时，动作应轻缓，对横担、带电体之间应有不小于0.1m足够的安全距离	
5	确认	确认架空线路和分支线路相序	使用低压测试仪，通过多次点测不同相与相间电压，明确相线与零线	
6	断引线	（1）断三相引线。 （2）断零线	（1）按照"由近至远"的顺序，依次断开分支线路三相相线的引线。 （2）当一相引线断开后，应及时恢复导线及引线金属裸露部分的外绝缘，同时进行绝缘遮蔽。 （3）当一项工作完成后，应得到工作负责人许可后，方可进行下一项工作	
7	拆除遮蔽	操作电工拆除作业范围内的所有带电体和接地体的绝缘遮蔽	按照"由远至近""从上到下"的顺序依次拆除绝缘遮蔽	

序号	作业步骤	作业内容	标　准	备注
8	施工质量检查	现场工作负责人检查作业质量	全面检查作业质量，无遗漏的工具、材料等	
9	完工	现场工作负责人检查工作现场	现场工作负责人全面检查工作完成情况	

4.3　竣工内容应符合表 1-75 的要求。

表 1-75　　　　　　　　　　竣 工 内 容 的 要 求

序号	内　容
1	现场工作负责人全面检查工作完成情况无误后，组织清理现场及工具
2	通知设备运维管理单位，工作结束
3	终结工作票

5. 验收总结

验收总结应符合表 1-76 的要求。

表 1-76　　　　　　　　　　验 收 总 结 的 要 求

序号	检修总结	
1	验收评价	
2	存在问题及处理意见	

6. 指导书执行情况评估

指导书执行情况评估应符合表 1-77 的要求。

表 1-77　　　　　　　　　　指导书执行情况评估的要求

评估内容		符合性	优		可操作项	
			良		不可操作项	
		可操作性	优		修改项	
			良		遗漏项	
存在问题						
改进意见						

第六节 带电接分支线路引线

1. 适用范围

本作业方法适用于带电接 0.4kV 分支线路引线（空载）作业。

2. 编制依据

Q/GDW 10520—2016《10kV 配网不停电作业规范》

Q/GDW 1519—2014《配网运维规程》

国家电网安质〔2014〕265 号《国家电网公司电力安全工作规程（配电部分）（试行）》

GB/T 14286《带电作业工具设备术语》

GB/T 18857《配电线路带电作业技术导则》

DL/T 477—2010《农村电网低压电气安全工作规程》

DL/T 493—2015《农村低压安全用电规程》

DL/T 499—2001《农村低压电力技术规程》

3. 作业前准备

3.1 现场勘查应符合表 1－78 的基本要求。

表 1－78 现场勘查的基本要求

序号	内容	标　　准	备注
1	现场勘察	（1）工作负责人应提前组织有关人员进行现场勘查，根据勘查结果做出能否进行带电作业的判断，并确定作业方法及应采取的安全技术措施； （2）现场勘查包括下列内容：线路运行方式、杆线状况、设备交叉跨越状况、现场道路是否满足作业要求，能否停放低压 0.4kV 综合抢修车（可升降）、绝缘梯、绝缘平台等绝缘承载工具，以及其他的作业危险点等	
2	明确工作任务	10kV××线××号台区接 0.4kV 分支线路引线（空载）	
3	办理工作票	（1）填写、审核工作票的正确性； （2）交工作票签发人进行签发	
4	召开班前会	（1）组织学习本次作业的作业指导书； （2）做好危险点分析； （3）交待安全注意事项； （4）学习检修质量技术标准； （5）交待人员分工； （6）工器具及材料准备	

3.2 现场作业人员应符合表 1－79 的基本要求。

表 1–79　　　　　　　　　　现场作业人员的基本要求

序号	内容	备注
1	作业人员应身体健康，无妨碍作业的生理和心理障碍	
2	作业人员经培训考试合格，持证上岗	
3	工作负责人（监护人）应选具有此类作业经验的人员担任	
4	作业人员应掌握紧急救护法，特别要掌握触电急救方法	

3.3　工器具配备应符合表 1–80 的要求。

表 1–80　　　　　　　　　　工 器 具 配 备 的 要 求

序号	分类	工具名称	规格/型号	单位	数量	备注
1	承载工具	绝缘承载工具	低压带电作业车	辆	1	绝缘斗臂车、绝缘梯、绝缘平台可替代
		脚扣		副	1	
2	个人防护用具	绝缘手套	1kV	副	1	
		防护手套		副	1	
		绝缘鞋	5kV	双	1	
		防电弧服	8cal/cm²	套	1	室外作业防电弧能力不小于 6.8cal/cm²；配电柜等封闭空间作业不小于 27cal/cm²
		护目镜		副	1	
		双控背带式安全带		副	1	斗内电工用
		安全帽		顶	3	数量与人员对应
3	绝缘遮蔽用具	绝缘毯	1kV	张	若干	
		导线遮蔽罩	1kV	个	若干	
		绝缘毯夹		个	若干	
4	操作工具	绝缘柄断线钳	1kV	个	1	
		个人手工绝缘工具	1kV	套	1	
		绝缘自粘带	0.4kV	卷	1	
		带有绝缘护套的接引线夹	0.4kV	只	4	
5	辅助工具	对讲机		个	3	
		防潮垫或毡布		块	2	
		安全警示带（牌）		套	10	
		绝缘传递绳		条	1	
6	仪器仪表	钳形电流表（带绝缘柄）		只	1	
		温湿度仪		块	1	
		风速仪		块	1	
		低压验电器	0.4kV	支	1	
		万用表		只	1	

3.4　危险点分析应符合表 1-81 的要求。

表 1-81　　　　　　　　　　　　危 险 点 分 析 的 要 求

序号	内　　容
1	带电作业专责监护人违章兼做其他工作或监护不到位，使作业人员失去监护
2	未检查待接分支线路载流情况，造成带负荷接引线
3	带电接引线时顺序错误
4	未接通引线触及人体的同时接触其他带电体造成触电伤害
5	绝缘工具使用前未进行外观检查及绝缘性能检测，因损伤或有缺陷未及时发现造成人身、设备事故
6	带电作业人员穿戴防护用具不规范，造成触电伤害
7	作业人员未按规定进行绝缘遮蔽或遮蔽不严密，造成触电伤害
8	绝缘工具金属部分或绑扎线过长造成单相接地或相间短路
9	高空落物，造成人员伤害
10	仪表与带电设备未保持安全距离造成工作人员触电伤害
11	登杆作业人员不系安全带，造成高空坠落
12	操作不当，产生电弧，对人体造成弧光烧伤

3.5　安全注意事项应符合表 1-82 的要求。

表 1-82　　　　　　　　　　　　安全注意事项的要求

序号	内　　容
1	专责监护人应履行监护职责，不得兼做其他工作，要选择便于监护的位置，监护的范围不得超过一个作业点
2	作业前应确认待接分支线路为空载状态
3	带电接引线应严格按照"先零线、后相线"的顺序进行。先接负荷侧，后接电源侧
4	未搭接引线的金属裸露部分应有绝缘保护
5	作业前应对所有工器具进行检查、检测，确保性能良好，构件紧固，无松脱及损伤
6	带电作业过程中，作业人员始终穿戴齐全防护用具。保持人体与邻相带电体及接地体的安全距离
7	应对作业范围内的带电体和接地体等所有设备进行遮蔽
8	作业过程中绑扎线不宜展放过长，手工工具应有绝缘手柄或绝缘外护套，金属部分与接地体保持足够的安全距离
9	作业现场及工具摆放位置周围应设置安全围栏、警示标志，防止行人及其他车辆进入作业现场。上下传递物品必须使用绝缘传递绳索，严禁高空抛物。尺寸较长的部件，应用绝缘传递绳捆扎牢固后传递。工作过程中，工作点下方禁止站人。传递工具时，应一件一件地分别传递或使用工具袋传递
10	作业人员验电时应该与带电体保持足够的安全距离，不得穿越未进行绝缘遮蔽的低压线路及设备
11	作业人员在登杆过程中不得失去安全带保护
12	须正确穿戴防电弧能力不小于 6.8cal/cm² 的分体防弧光工作服，戴相应防护等级的防电弧面屏

3.6　人员组织应符合表 1-83 的要求。

表 1－83   人 员 组 织 的 要 求

序号	作业人员	人数	作业内容
1	工作负责人（兼职监护人）	1 人	负责现场作业并履行监护职责
2	地面电工	1 人	负责工器具传递及其他地面辅助工作
3	操作电工	1 人	负责带电接分支线路引线（空载）

4. 作业程序

4.1　现场复勘的内容应符合表 1－84 的要求。

表 1－84   现场复勘的内容要求

序号	内　　容	备注
1	确认架空线路设备及周围环境满足作业条件	
2	确认现场气象条件满足作业要求	

4.2　作业内容及标准应符合表 1－85 的要求。

表 1－85   作业内容及标准的要求

序号	作业步骤	作业内容	标　　准	备注
1	开工	（1）现场工作负责人与设备运维管理单位联系。（2）现场工作负责人发布开始工作的命令	（1）现场工作负责人与设备运维管理单位履行许可手续。（2）现场工作负责人应分别向作业人员宣读工作票，布置工作任务、明确人员分工、作业程序、现场安全措施、进行危险点告知，并履行确认手续。（3）现场工作负责人发布开始工作的命令	
2	检查	（1）在作业现场设置安全围栏和警示标志。（2）作业人员检查电杆、拉线、分支线路紧固线夹及周围环境。（3）检查绝缘工具、防护用具。（4）绝缘工具绝缘性能检测。（5）检查脚扣、双控背带式安全带	（1）安全围栏和警示标志满足规定要求。（2）电杆、拉线基础完好，拉线无腐蚀情况，线路设备及周围环境满足作业条件。（3）绝缘工具、防护用具性能完好，并在试验周期内。（4）使用绝缘电阻检测仪将绝缘工具进行绝缘检测。（5）对脚扣、双控背带式安全带进行外观检查，并作冲击试验	
3	验电验流	（1）操作电工到达作业位置首先进行验电。（2）操作电工验流，确认待接分支线路无负荷	（1）操作电工到达作业位置，在登高过程中不得失去安全带保护。（2）验电时操作电工应与临近带电设备保持足够的安全距离。（3）验电顺序应按照"先带电体、后接地体"顺序进行，确认分支线路外绝缘良好可靠，无漏电情况。（4）验流时，操作电工身体各部位应与其他带电设备保持足够的安全距离。（5）验流时，确认待接分支线负荷侧开关、刀闸处于断开状态，并对待接分支线路验明无电流、电压后方可开始搭接引线	
4	绝缘遮蔽	操作电工对作业范围内的所有带电体和接地体进行绝缘遮蔽	（1）对带电体设置绝缘遮蔽时，按照从近到远的原则，从离身体最近的带电体依次设置；对上下多回分布的带电导线设置遮蔽用具时，应按照从下到上的原则，从下层导线开始依次向上层设置。（2）使用绝缘毯时应用绝缘夹夹紧，防止脱落。（3）对作业点附近的拉线、接户线及其他可触及范围内的低压部件也需进行遮蔽。（4）设置绝缘遮蔽隔离措施时，动作应轻缓，对横担、带电体之间应有不小于 0.1m 足够的安全距离	

续表

序号	作业步骤	作业内容	标　准	备注
5	确认	确认架空线路和分支线路相序	使用低压测试仪，通过多次点测不同相与相间电压，明确相线与零线	
6	接引线	（1）先搭接分支线零线的引线。 （2）接相线，首先确认需要搭接的相序。 （3）集束电缆每相接引点依次相距 0.2m	（1）按照"由远至近"的顺序，依次搭接分支线路的引线。 （2）当一相引线搭接后，应及时恢复导线及引线金属裸露部分的外绝缘同时进行绝缘遮蔽。 （3）当一项工作完成后，应得到工作负责人许可后方可进行下一项工作	
7	拆除遮蔽	操作电工拆除作业范围内的所有带电体和接地体的绝缘遮蔽	按照"由远至近""从上到下"的顺序依次拆除绝缘遮蔽	
8	施工质量检查	现场工作负责人检查作业质量	全面检查作业质量，无遗漏的工具、材料等	
9	完工	现场工作负责人检查工作现场	现场工作负责人全面检查工作完成情况	

4.3　竣工内容应符合表 1-86 的要求。

表 1-86　　　　　　　　　　竣 工 内 容 的 要 求

序号	内　容
1	现场工作负责人全面检查工作完成情况无误后，组织清理现场及工具
2	通知设备运维管理单位，工作结束
3	终结工作票

5. 验收总结

验收总结应符合表 1-87 的要求。

表 1-87　　　　　　　　　　验 收 总 结 的 要 求

序号	检修总结
1	验收评价
2	存在问题及处理意见

6. 指导书执行情况评估

指导书执行情况评估应符合表 1-88 的要求。

表 1-88　　　　　　　　　指导书执行情况评估的要求

评估内容	符合性	优		可操作项	
		良		不可操作项	
	可操作性	优		修改项	
		良		遗漏项	
存在问题					
改进意见					

第七节 带电断耐张线路引线

带电断耐张
线路引线

1. 适用范围

本作业方法针对"0.4kV 绝缘手套作业法低压带电作业车带电断耐张线路引线"工作编写而成，仅适用于该项工作。

2. 引用文件

GB/T18857《配电线路带电作业技术导则》

GB/T 18269—2008《交流 1kV、直流 1.5kV 及以下带电作业用手工工具通用技术条件》

国家电网安质〔2014〕265 号《国家电网公司电力安全工作规程（配电部分）（试行）》

Q/GDW 10520—2016《10kV 配网不停电作业规范》

《国家电网公司 现场标准化作业指导书编制导则（试行）》

《关于印发国家电网公司深入开展现场标准化作业工作指导意见的通知》

Q/GDW 745—2012《配网设备缺陷分类标准》

Q/GDW 11261—2014《配网检修规程》

3. 作业前准备

3.1 现场勘查应符合表 1–89 的基本要求。

表 1–89 现场勘查的基本要求

序号	内容	标　准	备注
1	现场勘查	（1）现场工作负责人应提前组织有关人员进行现场勘查，根据勘查结果做出能否进行带电作业的判断，并确定作业方法及应采取的安全技术措施。 （2）现场勘查包括下列内容：作业现场条件是否满足施工要求，能否使用低压带电作业车，以及存在的作业危险点等。 （3）工作线路双重名称、杆号。 1）杆身完好无裂纹； 2）埋深符合要求； 3）基础牢固； 4）周围无影响作业的障碍物。 （4）线路装置是否具备带电作业条件。本项作业应检查确认的内容有： 1）缺陷严重程度； 2）是否具备带电作业条件； 3）作业范围内地面土壤坚实、平整，符合低压带电作业车安置条件。 （5）确认负荷电流小于旁路引流线额定电流。超过时应提前转移或减少负荷。 （6）工作负责人指挥工作人员检查工作票所列安全措施，在工作票上补充安全措施	
2	了解现场气象条件	了解现场气象条件，判断是否符合《国家电网公司电力安全工作规程（配电部分）（试行）》对带电作业要求。 （1）天气应晴好，无雷、无雨、无雪、无雾； （2）风力不大于 5 级； （3）相对湿度不大于 80%	
3	组织现场作业人员学习作业指导书	掌握整个操作程序，理解工作任务及操作中的危险点及控制措施	
4	工作票	低压工作票	

3.2 现场作业人员应符合表 1-90 的基本要求。

表 1-90 现场作业人员的基本要求

序号	内　　容	备注
1	作业人员应身体健康，无妨碍作业的生理和心理障碍	
2	作业人员经培训合格，取得相应作业资质	
3	作业人员必须掌握《国家电网公司电力安全工作规程（配电部分）（试行）》相关知识，并经年度考试合格	
4	高空作业人员必须具备从事高空作业的身体素质	
5	作业人员应掌握紧急救护法，特别要掌握触电急救方法	

3.3 工器具配备应符合表 1-91 的要求。

表 1-91 工 器 具 配 备 的 要 求

序号	工器具名称		规格、型号	单位	数量	备注
1	特种车辆	低压带电作业车		辆	1	绝缘平台、绝缘梯、绝缘斗臂车等对地绝缘作业平台可替代
2	安全用具	斗臂车专用安全带		副	1	
3		双控背带式安全带		副	1	
4		绝缘鞋	5kV	双	4	15kV、35kV 可替代
5		安全帽		顶	4	
6	绝缘防护用具	绝缘手套	1kV	双	2	
7		防穿刺手套		双	2	
8		防电弧服	8cal/cm²	套	2	室外作业防电弧能力不小于 6.8cal/cm²；配电柜等封闭空间作业不小于 27cal/cm²
9		防电弧手套	8cal/cm²	双	2	
10		防电弧面屏	8cal/cm²	副	2	
11	绝缘遮蔽用具	绝缘包毯	1kV	块	7	
12		绝缘挂毯	1kV	块	2	绝缘橡胶毯
13		绝缘毯夹	大号	只	10	
14	绝缘工器具	绝缘传递绳	φ12mm	条	1	15m
15		绝缘锁杆	1kV	副	1	
16		双头锁杆	1kV	根	1	
17		绝缘旁路引线固定杆	0.4m	根	4	研制
18		绝缘绳套	φ12mm	个	1	0.5m
19		绝缘斗外挂工具包		个	1	
20	其他主要工器具	验电器	0.1~1kV	套	1	
21		工频信号发生器	0.1~1kV	台	1	

续表

序号	工器具名称		规格、型号	单位	数量	备注
22	其他主要工器具	钳形电流表		块	1	
23		温湿度计		台	1	
24		风速仪		台	1	
25		红外测温仪		台	1	
26		个人手工绝缘工具	1kV	套	4	
27		脚扣		副	1	
28		绝缘剥削器		把	1	
29		防潮苫布	4m×4m	块	1	
30		绝缘手套充气检查装备	G-99	个	1	
31		对讲机		个	3	
32		围栏、安全警示牌等			若干	
33	所需材料	绝缘自粘带	1kV	卷	2	
34		清洁干燥毛巾		条	2	
35		绑扎线	BV2.5	m	若干	绑扎断开的引流线用

3.4 危险点分析应符合表1-92的要求。

表1-92　　　　　　危险点分析的要求

序号	内　容
1	工作负责人、专责监护人违章兼做其他工作或监护不到位，使作业人员失去监护
2	旁路引线设备投运前未进行外观检查，因设备损毁或有缺陷未及时发现造成人身、设备事故
3	未设置防护措施及安全围栏、警示牌，发生行人车辆进入作业现场，造成危害发生
4	低压带电作业车位置停放不佳，附近存在电力线和障碍物，坡度过大，造成车辆倾覆人员伤亡事故
5	作业人员未对低压带电作业车支腿情况进行检查，误支放在沟道盖板上、未使用垫块或枕木、支撑不到位，造成车辆倾覆人员伤亡事故
6	低压带电作业车操作人员未将低压带电作业车可靠接地
7	遮蔽作业时动作幅度过大，接触带电体形成回路，造成人身伤害
8	遮蔽不完整，留有漏洞、带电体暴露，作业时接触带电体形成回路，造成人身伤害
9	敷设旁路引线方法错误，旁路引线与硬物、尖锐物摩擦，导致旁路引线损坏
10	旁路作业前未检测确认待检修线路负荷电流，负荷电流过大造成旁路引流线过载
11	拆除旧线夹引线、新线夹引线接火时，人体串入电路，造成人身伤害
12	新线夹引线安装完毕后未检测通流情况，若存在连接缺陷，拆除旁路引流线时造成人身伤害
13	未能正确使用个人防护用品、登高工具，造成高处坠落人员伤害
14	地面人员在作业区下方逗留，造成高处落物伤害

3.5 安全注意事项应符合表 1-93 的要求。

表 1-93 安全注意事项的要求

序号	内　　容
1	作业现场应有专人负责指挥施工，做好现场的组织、协调工作。作业人员应听从工作负责人指挥。专责监护人应履行监护职责，不得兼做其他工作，要选择便于监护的位置，监护的范围不得超过一个作业点
2	旁路引线设备投运前应进行外观检查，避免因设备损毁或有缺陷未及时发现造成人身、设备事故
3	作业现场及工具摆放位置周围应设置安全围栏、警示标志，防止行人及其他车辆进入作业现场，必要时应派专人守护
4	低压带电作业车应停放到最佳位置： （1）停放的位置应便于低压带电作业车绝缘斗到达作业位置，避开附近电力线及障碍物； （2）停放位置坡度不大于 7°； （3）低压带电作业车应顺线路停放
5	作业人员应对低压带电作业车支腿情况进行检查，向工作负责人汇报检查结果。检查标准为： （1）不应支放在沟道盖板上。 （2）软土地面应使用垫块或枕木，垫板重叠不超过 2 块。 （3）支撑应到位。车辆前后、左右呈水平，整车支腿受力，车轮离地
6	低压带电作业车操作人员将低压带电作业车可靠接地
7	低压电气带电作业应戴绝缘手套（含防穿刺手套）、防护面罩、穿防电弧服，并保持对地绝缘；遮蔽作业时动作幅度不得过大，防止造成相间、相对地放电；若存在相间短路风险应加装绝缘遮蔽（隔离）措施
8	遮蔽应完整，遮蔽重合长度不小于 5cm，避免留有漏洞、带电体暴露，作业时接触带电体形成回路，造成人身伤害
9	敷设旁路引线时，须由多名作业人员配合使旁路引线离开地面整体敷设，防止旁路引线与地面硬物、尖锐物摩擦
10	作业前需检测确认待检修线路负荷电流小于旁路引线额定电流值
11	拆除旧线夹引线、新线夹引线接火时应使用绝缘工具有效控制线头，避免人体串入电路造成人身伤害
12	新线夹引线安装完毕后应检测通流情况正常
13	正确使用个人防护用品、登高工具，对安全带进行冲击试验，避免意外断裂造成高处坠落人员伤害
14	地面人员不得在作业区下方逗留，避免造成高处落物伤害

3.6 人员组织应符合表 1-94 的要求。

表 1-94 人　员　组　织　的　要　求

人员分工	人数	工作内容
工作负责人	1 人	全面负责现场作业；监护高处作业人员安全
作业班组成员（斗内）	1 人	负责作业（断耐张引线操作）
作业班组成员（登杆）	1 人	辅助斗内人员作业
作业班组成员（地面）	1 人	负责地面配合作业

4. 作业程序

4.1 现场复勘的内容应符合表 1-95 的要求。

表 1-95　　　　　　　　　　　　**现场复勘的内容要求**

序号	内　　容	备注
1	工作负责人指挥工作人员核对工作线路双重名称、杆号	
2	工作负责人指挥工作人员检查地形环境是否符合作业要求： （1）杆身完好无裂纹； （2）埋深符合要求； （3）基础牢固； （4）周围无影响作业的障碍物	
3	工作负责人指挥工作人员检查线路装置是否具备带电作业条件。本项作业应检查确认的内容有： （1）缺陷严重程度； （2）是否具备带电作业条件； （3）作业范围内地面土壤坚实、平整，符合低压带电作业车安置条件	
4	线路装置是否具备带电作业条件；确认负荷电流小于旁路引流线额定电流。超过时应提前转移或减少负荷	
5	工作负责人指挥工作人员检查气象条件： （1）天气应晴好，无雷、无雨、无雪、无雾； （2）风力不大于5级； （3）相对湿度不大于80%	
6	工作负责人指挥工作人员检查工作票所列安全措施，在工作票上补充安全措施	

4.2　作业内容及标准应符合表 1-96 的要求。

表 1-96　　　　　　　　　　　**作业内容及标准的要求**

序号	作业步骤	作业内容	标　准	备注
1	开工	执行工作许可制度	工作负责人按工作票内容与设备运维管理单位联系，获得设备运维管理单位工作许可，确认线路重合闸装置（剩余电流动作保护器）已退出	
			工作负责人在工作票上签字，并记录许可时间	
		召开现场会	工作负责人宣读工作票	
			工作负责人检查工作班组成员精神状态，交代工作任务进行分工，交代工作中的安全措施和技术措施	
			工作负责人检查班组各成员对工作任务分工、安全措施和技术措施是否明确	
			班组各成员在工作票和作业指导书（卡）上签名确认	
		停放低压带电作业车	低压带电作业车驾驶员将低压带电作业车位停放到最佳位置： （1）停放的位置应便于低压带电作业车绝缘斗到达作业位置，避开附近电力线和障碍物； （2）停放位置坡度不大于7°，低压带电作业车应顺线路停放	
			低压带电作业车操作人员支放低压带电作业车支腿，作业人员对支腿情况进行检查，向工作负责人汇报检查结果。检查标准为： （1）不应支放在沟道盖板上。 （2）软土地面应使用垫块或枕木，垫板重叠不超过2块。 （3）支撑应到位。车辆前后、左右呈水平；支腿应全部伸出，整车支腿受力，车轮离地	
			低压带电作业车操作人员将低压带电作业车可靠接地	

序号	作业步骤	作业内容	标　准	备注
1	开工	布置工作现场	工作负责人组织班组成员设置工作现场的安全围栏、安全警示标志： （1）安全围栏的范围应考虑作业中高空坠落和高空落物的影响以及道路交通，必要时联系交通部门； （2）围栏的出入口应设置合理； （3）警示标志应包括"从此进出""施工现场"等，道路两侧应有"车辆慢行"或"车辆绕行"标示或路障	
			班组成员按要求将绝缘工器具放在防潮苫布上： （1）防潮苫布应清洁、干燥； （2）工器具应按定置管理要求分类摆放； （3）绝缘工器具不能与金属工具、材料混放	
2	检查	检查工器具	班组成员使用清洁干燥毛巾逐件对绝缘工器具进行擦拭并进行外观检查： （1）检查人员应戴清洁、干燥的手套； （2）绝缘工具表面不应磨损、变形损坏，操作应灵活； （3）个人安全防护用具和遮蔽、隔离用具应无针孔、砂眼、裂纹	
			绝缘工器具检查完毕，向工作负责人汇报检查结果	
			对安全带、脚扣进行冲击试验	
		检查低压带电作业车	斗内电工检查低压带电作业车表面状况：绝缘斗应清洁、无裂纹损伤	
			试操作低压带电作业车： （1）试操作应空斗进行。 （2）试操作应充分，有回转、升降、伸缩的过程。确认液压、机械、电气系统正常可靠、制动装置可靠	
			低压带电作业车检查和试操作完毕，斗内电工向工作负责人汇报检查结果	
3	作业施工	斗内电工进入绝缘斗	斗内电工穿戴好个人防护用具： （1）绝缘防护用具包括安全帽、绝缘手套（戴防穿刺手套）、绝缘鞋、防电弧服、防护面罩、防电弧手套等。 （2）工作负责人应检查斗内电工绝缘防护用具的穿戴是否正确	
			斗内电工携带工器具进入绝缘斗： （1）工器具应分类放置工具袋中； （2）工器具的金属部分不准超出绝缘斗边缘面； （3）工具和人员重量不得超过绝缘斗额定载荷	
			斗内电工将斗内专用绝缘安全带系挂在斗内专用挂钩上	
		进入带电作业区域	斗内电工经工作负责人许可后，进入带电作业区域： （1）斗内工作电工在作业过程中不得失去安全带保护； （2）斗内工作电工人身不得过度探出车斗，失去平衡； （3）再次确认线路状态，满足作业条件	
		验电	斗内电工使用验电器确认作业现场无漏电现象： （1）在带电导线上检验验电器是否完好； （2）验电时作业人员应与带电导体保持安全距离，验电顺序应由近及远，验电时应戴绝缘手套； （3）检验作业现场接地构件、绝缘子有无漏电现象，确认无漏电现象，验电结果汇报工作负责人	
		检流、验电及核相	（1）用检流计检测线路，确认待断引流线确已空载，符合拆除条件； （2）操作绝缘斗至适当位置，与带电体、接地体保持足够的安全距离； （3）使用验电器，按照导线—绝缘子—横担—电杆的顺序进行验电，确认无漏电现象； （4）核相，确认相线和中性线	

序号	作业步骤	作业内容	标　准	备注
3	作业施工	设置绝缘遮蔽隔离措施	获得工作负责人的许可后，斗内电工转移绝缘斗到近边相导线合适工作位置，按照"从近到远、从下到上"的顺序对作业中可能触及的带电体、接地体进行绝缘遮蔽隔离： （1）对线路引线进行遮蔽：使用绝缘挂毯，挂在检修引线内侧，将检修引线绝缘隔离出来； （2）依次对引线、导线、工作侧横担按照"先低后高、先近后远、先带电后接地"的顺序原则进行绝缘遮蔽（拆除时相反）； （3）斗内电工在对带电体设置绝缘遮蔽隔离措施时，动作应轻缓，对横担、带电体之间应有安全距离； （4）绝缘遮蔽隔离措施应严密、牢固，绝缘遮蔽组合应重叠	
		杆上电工登杆至工作位置	（1）杆上电工登杆前，检查电杆、基础、拉线，对脚扣、安全带作冲击试验； （2）全程使用安全带； （3）位置适当，对带电体保持足够的安全距离； （4）杆上电工使用绝缘锁杆将待断的耐张引流线一侧固定	
		断开耐张 C 相引流线	（1）得到工作负责人（监护人）许可后，斗内电工拆除耐张引流线一只线夹，使用双头锁杆锁住引流线； （2）拆除另一只线夹，拆除双头锁杆，使绝缘锁杆和双头锁杆各固定一侧引流线将引线断开； （3）操作过程中严禁接触已断开的引流线两个断头； （4）斗内电工将电源侧耐张引流线恢复绝缘后，使用绝缘绑扎线将电源侧耐张引流线可靠固定在电源侧同相主线上，并进行绝缘遮蔽； （5）斗内电工对负荷侧耐张引流线恢复绝缘后，使用绝缘绑扎线将负荷侧耐张引流线绑扎固定在负荷侧同相主线上，恢复绝缘遮蔽	
		断开剩余的 B、A 相和 N 线耐张引流线	（1）按与断 C 相相同的方法，斗内、杆上电工配合断开 B 相耐张引流线； （2）得到工作负责人（监护人）许可后，斗内电工操作绝缘斗至线路另一侧工作位置，按与 C、B 相相同的方法，分别将 A 相、N 线断开； （3）按与 C、B 相相同的方法，分别对 A 相、N 线耐张引流线恢复绝缘、进行固定、遮蔽； （4）开断顺序为先相线、后零线	
		拆除	在获得工作负责人的许可后： （1）在拆除遮蔽时动作应轻缓，对横担等地电位构件、邻相导线之间应有安全距离。 （2）绝缘遮蔽用具的拆除，按照"从远到近、从上到下"的原则拆除绝缘遮蔽；可由复杂到简单、先难后易的原则进行，也可视现场实际情况从远到近依次进行； （3）在拆除旁路绝缘引流线过程中作业人员严禁串入电路	
		撤离作业面	（1）斗内电工清理工作现场，杆上、线上无遗留物，向工作负责人汇报施工质量； （2）工作负责人应进行全面检查装置无缺陷，符合运行条件，确认工作完成无误后，向工作许可人汇报； （3）低压带电作业车收回臂、斗，斗内电工下车	
4	质量检查	现场工作负责人检查作业质量	全面检查作业质量，无遗漏的工具、材料等	
5	完工	现场工作负责人检查工作现场	现场工作负责人全面检查工作完成情况	

4.3 竣工内容应符合表 1-97 的要求。

表 1-97   竣 工 内 容 的 要 求

序号	内 容
1	清理工具及现场： （1）收回工器具、材料，摆放在防雨苫布上。 （2）工作负责人全面检查工作完成情况，清点整理工具、材料，将工器具清洁后放入专用的箱（袋）中，组织班组成员认真检查现场无遗留物，无误后撤离现场，做到"工完料尽场地清"
2	办理工作终结手续：工作负责人向设备运维管理单位（工作许可人）汇报工作结束，停用重合闸的需申请恢复线路重合闸装置（剩余电流动作保护器），终结工作票
3	召开收工会：工作负责人组织召开现场收工会，做工作总结和点评工作： （1）正确点评本项工作的施工质量； （2）点评班组成员在作业中的安全措施的落实情况； （3）点评班组成员对规程的执行情况
4	作业人员撤离现场

5. 验收总结

验收总结应符合表 1-98 的要求。

表 1-98   验 收 总 结 的 要 求

序号	验收总结	
1	验收评价	
2	存在问题及处理意见	

6. 指导书执行情况评估

指导书执行情况评估应符合表 1-99 的要求。

表 1-99   指导书执行情况评估的要求

评估内容	符合性	优	可操作项	
		良	不可操作项	
	可操作性	优	修改项	
		良	遗漏项	
存在问题				
改进意见				

第八节 带电接耐张线路引线

带电接耐张
线路引线

1. 适用范围

本作业方法针对"0.4kV 绝缘手套作业法低压带电作业车 0.4kV 带电接耐张引线"工作

编写而成，仅适用于该项工作。

2. 引用文件

GB/T 18857《配电线路带电作业技术导则》

GB/T 18269—2008《交流 1kV、直流 1.5kV 及以下带电作业用手工工具通用技术条件》

国家电网安质〔2014〕265 号《国家电网公司电力安全工作规程（配电部分）（试行）》

Q/GDW 10520—2016《10kV 配网不停电作业规范》

《国家电网公司 现场标准化作业指导书编制导则（试行）》

《关于印发国家电网公司深入开展现场标准化作业工作指导意见的通知》

Q/GDW 745—2012《配网设备缺陷分类标准》

Q/GDW 11261—2014《配网检修规程》

3. 作业前准备

3.1 现场勘查应符合表 1-100 的基本要求。

表 1-100　　　　　　　　　　　　现场勘查的基本要求

序号	内容	标准	备注
1	现场勘查	（1）现场工作负责人应提前组织有关人员进行现场勘查，根据勘查结果做出能否进行带电作业的判断，并确定作业方法及应采取的安全技术措施。 （2）现场勘查包括下列内容：作业现场条件是否满足施工要求，能否使用低压带电作业车，以及存在的作业危险点等。 （3）工作线路双重名称、杆号。 1）杆身完好无裂纹； 2）埋深符合要求； 3）基础牢固； 4）周围无影响作业的障碍物。 （4）线路装置是否具备带电作业条件。本项作业应检查确认的内容有： 1）缺陷严重程度； 2）是否具备带电作业条件； 3）作业范围内地面土壤坚实、平整，符合低压带电作业车安置条件。 （5）确认负荷电流小于旁路引流线额定电流。超过时应提前转移或减少负荷。 （6）工作负责人指挥工作人员检查工作票所列安全措施，在工作票上补充安全措施	
2	了解现场气象条件	了解现场气象条件，判断是否符合《国家电网公司电力安全工作规程（配电部分）（试行）》对带电作业要求。 （1）天气应晴好，无雷、无雨、无雪、无雾； （2）风力不大于 5 级； （3）相对湿度不大于 80%	
3	组织现场作业人员学习作业指导书	掌握整个操作程序，理解工作任务及操作中的危险点及控制措施	
4	工作票	低压工作票	

3.2 现场作业人员应符合表 1-101 的基本要求。

表 1–101　　　　　　　　　　现场作业人员的基本要求

序号	内　容	备注
1	作业人员应身体健康，无妨碍作业的生理和心理障碍	
2	作业人员经培训合格，取得相应作业资质	
3	作业人员必须掌握《国家电网公司电力安全工作规程（配电部分）（试行）》相关知识，并经年度考试合格	
4	高空作业人员必须具备从事高空作业的身体素质	
5	作业人员应掌握紧急救护法，特别要掌握触电急救方法	

3.3　工器具配备应符合表 1–102 的要求。

表 1–102　　　　　　　　　　工 器 具 配 备 的 要 求

序号	工器具名称		规格、型号	单位	数量	备注
1	特种车辆	低压带电作业车		辆	1	绝缘平台、绝缘梯、绝缘斗臂车等对地绝缘作业平台可替代
2	安全用具	斗臂车专用安全带		副	1	
3		双控背带式安全带		副	1	
4		绝缘鞋	5kV	双	4	15kV、35kV 可替代
5		安全帽		顶	4	
6	绝缘防护用具	绝缘手套	1kV	双	2	
7		防穿刺手套		双	2	
8		防电弧服	$8cal/cm^2$	套	2	室外作业防电弧能力不小于 $6.8cal/cm^2$；配电柜等封闭空间作业不小于 $27cal/cm^2$
9		防电弧手套	$8cal/cm^2$	双	2	
10		防电弧面屏	$8cal/cm^2$	副	2	
11	绝缘遮蔽用具	绝缘包毯	1kV	块	7	
12		绝缘挂毯	1kV	块	2	绝缘橡胶毯
13		绝缘毯夹	大号	只	10	
14	绝缘工器具	绝缘传递绳	$\phi12mm$	条	1	15m
15		绝缘锁杆	1kV	副	1	
16		双头锁杆	1kV	根	1	
17		绝缘旁路引线固定杆	0.4m	根	4	研制
18		绝缘绳套	$\phi12mm$	个	1	0.5m
19		绝缘斗外挂工具包		个	1	
20	其他主要工器具	验电器	0.1～1kV	套	1	
21		工频信号发生器	0.1～1kV	台	1	
22		钳形电流表		块	1	
23		温湿度计		台	1	

续表

序号	工器具名称		规格、型号	单位	数量	备注
24	其他主要工器具	风速仪		台	1	
25		红外测温仪		台	1	
26		个人手工绝缘工具	1kV	套	4	
27		脚扣		副	1	
28		绝缘剥削器		把	1	
29		防潮苫布	4m×4m	块	1	
30		绝缘手套充气检查装备	G-99	个	1	
31		对讲机		个	3	
32		围栏、安全警示牌等		个	若干	
33	所需材料	绝缘自粘带	1kV	卷	2	
34		并沟线夹	LJ-185	套	2	
35		软铜丝刷		把	2	
36		电力复合脂		管	1	
37		无水乙醇		瓶	1	
38		清洁干燥毛巾		条	2	
39		洁净棉布		块	2	

3.4 危险点分析应符合表1-103的要求。

表1-103 危险点分析的要求

序号	内 容
1	工作负责人、专责监护人违章兼做其他工作或监护不到位，使作业人员失去监护
2	旁路引线设备投运前未进行外观检查，因设备损毁或有缺陷未及时发现造成人身、设备事故
3	未设置防护措施及安全围栏、警示牌，发生行人车辆进入作业现场，造成危害发生
4	低压带电作业车位置停放不佳，附近存在电力线和障碍物，坡度过大，造成车辆倾覆人员伤亡事故
5	作业人员未对低压带电作业车支腿情况进行检查，误支放在沟道盖板上、未使用垫块或枕木、支撑不到位，造成车辆倾覆人员伤亡事故
6	低压带电作业车操作人员未将低压带电作业车可靠接地
7	遮蔽作业时动作幅度过大，接触带电体形成回路，造成人身伤害
8	遮蔽不完整，留有漏洞、带电体暴露，作业时接触带电体形成回路，造成人身伤害
9	敷设旁路引线方法错误，旁路引线与硬物、尖锐物摩擦，导致旁路引线损坏
10	旁路作业前未检测确认待检修线路负荷电流，负荷电流过大造成旁路引流线过载
11	拆除旧线夹引线、新线夹引线接火时，人体串入电路，造成人身伤害
12	新线夹引线安装完毕后未检测通流情况，若存在连接缺陷，拆除旁路引流线时造成人身伤害
13	未能正确使用个人防护用品、登高工具，造成高处坠落人员伤害
14	地面人员在作业区下方逗留，造成高处落物伤害

3.5 安全注意事项应符合表 1-104 的要求。

表 1-104 安全注意事项的要求

序号	内 容
1	作业现场应有专人负责指挥施工，做好现场的组织、协调工作。作业人员应听从工作负责人指挥。专责监护人应履行监护职责，不得兼做其他工作，要选择便于监护的位置，监护的范围不得超过一个作业点
2	旁路引线设备投运前应进行外观检查，避免因设备损毁或有缺陷未及时发现造成人身、设备事故
3	作业现场及工具摆放位置周围应设置安全围栏、警示标志，防止行人及其他车辆进入作业现场，必要时应派专人守护
4	低压带电作业车应停放到最佳位置： （1）停放的位置应便于低压带电作业车绝缘斗到达作业位置，避开附近电力线和障碍物； （2）停放位置坡度不大于 7°； （3）低压带电作业车应顺线路停放
5	作业人员应对低压带电作业车支腿情况进行检查，向工作负责人汇报检查结果。检查标准为： （1）不应支放在沟道盖板上。 （2）软土地面应使用垫块或枕木，垫板重叠不超过 2 块。 （3）支撑应到位。车辆前后、左右呈水平，整车支腿受力，车轮离地
6	低压带电作业车操作人员将低压带电作业车可靠接地
7	低压电气带电作业应戴绝缘手套（含防穿刺手套）、防护面罩、穿防电弧服，并保持对地绝缘；遮蔽作业时动作幅度不得过大，防止造成相间、相对地放电；若存在相间短路风险应加装绝缘遮蔽（隔离）措施
8	遮蔽应完整，遮蔽重合长度不小于 5cm，避免留有漏洞、带电体暴露，作业时接触带电体形成回路，造成人身伤害
9	敷设旁路引线时，须由多名作业人员配合使旁路引线离开地面整体敷设，防止旁路引线与地面硬物、尖锐物摩擦
10	作业前需检测确认待检修线路负荷电流小于旁路引线额定电流值
11	拆除旧线夹引线、新线夹引线接火时应使用绝缘工具有效控制线头，避免人体串入电路造成人身伤害
12	新线夹引线安装完毕后应检测通流情况正常
13	正确使用个人防护用品、登高工具，对安全带进行冲击试验，避免意外断裂造成高处坠落人员伤害
14	地面人员不得在作业区下方逗留，避免造成高处落物伤害

3.6 人员组织应符合表 1-105 的要求。

表 1-105 人员组织的要求

人员分工	人数	工作内容
工作负责人	1 人	全面负责现场作业；监护高处作业人员安全
作业班组成员（斗内）	1 人	负责作业（接耐张引线操作）
作业班组成员（登杆）	1 人	辅助斗内人员作业
作业班组成员（地面）	1 人	负责地面配合作业

4. 作业程序

4.1 现场复勘的内容应符合表 1-106 的要求。

表 1-106   现场复勘的内容要求

序号	内 容	备注
1	工作负责人指挥工作人员核对工作线路双重名称、杆号	
2	工作负责人指挥工作人员检查地形环境是否符合作业要求： （1）杆身完好无裂纹； （2）埋深符合要求； （3）基础牢固； （4）周围无影响作业的障碍物	
3	工作负责人指挥工作人员检查线路装置是否具备带电作业条件。本项作业应检查确认的内容有： （1）缺陷严重程度； （2）是否具备带电作业条件； （3）作业范围内地面土壤坚实、平整，符合低压带电作业车安置条件	
4	线路装置是否具备带电作业条件；确认负荷电流小于旁路引流线额定电流。超过时应提前转移或减少负荷	
5	工作负责人指挥工作人员检查气象条件： （1）天气应晴好，无雷、无雨、无雪、无雾； （2）风力不大于 5 级； （3）相对湿度不大于 80%	
6	工作负责人指挥工作人员检查工作票所列安全措施，在工作票上补充安全措施	

4.2 作业内容及标准应符合表 1-107 的要求。

表 1-107   作业内容及标准的要求

序号	作业步骤	作业内容	标 准	备注
1	开工	执行工作许可制度	工作负责人按工作票内容与设备运维管理单位联系,获得设备运维管理单位工作许可,确认线路重合闸装置（剩余电流动作保护器）已退出	
			工作负责人在工作票上签字，并记录许可时间	
		召开现场会	工作负责人宣读工作票	
			工作负责人检查工作班组成员精神状态，交代工作任务进行分工，交代工作中的安全措施和技术措施	
			工作负责人检查班组各成员对工作任务分工、安全措施和技术措施是否明确	
			班组各成员在工作票和作业指导书（卡）上签名确认	
		停放低压带电作业车	低压带电作业车驾驶员将低压带电作业车位置停放到最佳位置： （1）停放的位置应便于低压带电作业车绝缘斗到达作业位置，避开附近电力线和障碍物； （2）停放位置坡度不大于 7°，低压带电作业车应顺线路停放	
			低压带电作业车操作人员支放低压带电作业车支腿,作业人员对支腿情况进行检查，向工作负责人汇报检查结果。检查标准为： （1）不应支放在沟道盖板上。 （2）软土地面应使用垫块或枕木，垫板重叠不超过 2 块。 （3）支撑应到位。车辆前后、左右呈水平；支腿应全部伸出，整车支腿受力，车轮离地	
			低压带电作业车操作人员将低压带电作业车可靠接地	
		布置工作现场	工作负责人组织班组成员设置工作现场的安全围栏、安全警示标志： （1）安全围栏的范围应考虑作业中高空坠落和高空落物的影响以及道路交通，必要时联系交通部门； （2）围栏的出入口应设置合理； （3）警示标示应包括"从此进出"、"施工现场"等，道路两侧应有"车辆慢行"或"车辆绕行"标示或路障	

续表

序号	作业步骤	作业内容	标准	备注
1	开工	布置工作现场	班组成员按要求将绝缘工器具放在防潮苫布上： （1）防潮苫布应清洁、干燥； （2）工器具应按定置管理要求分类摆放； （3）绝缘工器具不能与金属工具、材料混放	
2	检查	检查工器具	班组成员使用清洁干燥毛巾逐件对绝缘工器具进行擦拭并进行外观检查： （1）检查人员应戴清洁、干燥的手套； （2）绝缘工具表面不应磨损、变形损坏，操作应灵活； （3）个人安全防护用具和遮蔽、隔离用具应无针孔、砂眼、裂纹	
			绝缘工器具检查完毕，向工作负责人汇报检查结果	
			对安全带、脚扣进行冲击试验	
		检查低压带电作业车	斗内电工检查低压带电作业车表面状况：绝缘斗应清洁、无裂纹损伤	
			试操作低压带电作业车： （1）试操作应空斗进行。 （2）试操作应充分，有回转、升降、伸缩的过程。确认液压、机械、电气系统正常可靠、制动装置可靠	
			低压带电作业车检查和试操作完毕，斗内电工向工作负责人汇报检查结果	
3	作业施工	斗内电工进入绝缘斗	斗内电工穿戴好个人防护用具： （1）绝缘防护用具包括安全帽、绝缘手套（带防穿刺手套）、绝缘鞋、防电弧服、防护面罩、防电弧手套等； （2）工作负责人应检查斗内电工绝缘防护用具的穿戴是否正确	
			斗内电工携带工器具进入绝缘斗： （1）工器具应分类放置工具袋中； （2）工器具的金属部分不准超出绝缘斗边缘面； （3）工具和人员重量不得超过绝缘斗额定载荷	
			斗内电工将斗内专用绝缘安全带系挂在斗内专用挂钩上	
		进入带电作业区域	斗内电工经工作负责人许可后，进入带电作业区域： （1）斗内工作电工在作业过程中不得失去安全带保护； （2）斗内工作电工人身不得过度探出车斗，失去平衡； （3）再次确认线路状态，满足作业条件	
		验电	斗内电工使用验电器确认作业现场无漏电现象： （1）在带电导线上检验验电器是否完好； （2）验电时人员应与带电导体保持安全距离，验电顺序应由近及远，验电时应戴绝缘手套； （3）检验作业现场接地构件、绝缘子有无漏电现象，确认无漏电现象，验电结果汇报工作负责人	
		设置绝缘遮蔽隔离措施	获得工作负责人的许可后，斗内电工转移绝缘斗到近边相导线合适工作位置，按照"从近到远、从下到上"的顺序对作业中可能触及的带电体、接地体进行绝缘遮蔽隔离： （1）对线路进行遮蔽：作业范围内可能触及到的导线及引线； （2）使用隔离挂毯将零线与相线隔离； （3）斗内电工在对带电体设置绝缘遮蔽隔离措施时，动作应轻缓，对横担、带电体之间应有安全距离； （4）绝缘遮蔽隔离措施应严密、牢固，绝缘遮蔽组合应重叠	
		连接中性线（零线）引线	获得工作负责人的许可后： （1）杆上电工登杆至作业位置； （2）斗内电工到达合适作业位置，与杆上电工配合连接引线，接引线顺序为"先零线、后相线"，步骤如下： 1）斗内电工测量引线长度。 2）斗内电工拆除零线负荷侧引线的临时固定绑扎线，杆上电工用绝缘锁杆锁紧引线，防止摆动。斗内电工用绝缘断线剪截去多余引线，使引线长度合适。	

序号	作业步骤	作业内容	标　准	备注
3	作业施工	连接中性线（零线）引线	3）斗内电工用绝缘剥线器根据线夹长度、个数剥除绝缘层，露出芯线，用沾有无水乙醇的洁净棉布对清刷后的线芯进行清擦，然后在芯线上涂抹导电脂，用钢丝刷顺芯线绞绕方向刷导电脂以清除氧化膜。 4）相同要求，斗内电工对零线电源侧引线进行处理。 5）斗内电工用双头锁杆锁住一端引线线芯，并使用双头锁杆在另一侧引线线夹连接处进行接火。 6）斗内电工安装第一只并沟线夹；作业时不得接触不同电位的引线。 7）斗内电工拆除双头锁杆，安装第二只并沟线夹。 8）斗内电工安装线夹防护罩，用绝缘自粘带对防护罩端口密封，以防进水。 9）斗内电工对连接完毕的引线恢复绝缘遮蔽。 10）杆上电工拆除绝缘锁杆	
		连接相线引线	获得工作负责人许可后： （1）斗内电工将隔离挂毯移至零线与边相之间，拆除边相导线、引线遮蔽； （2）与杆上电工配合采用同样方法，按照 A 相→B 相→C 相顺序依次连接相线引线	
		检测引流线通流情况	在获得设备管理人员的许可后，合上负荷侧刀闸（开关），检查引线的通流情况： （1）工作负责人检查并核对连接后的引线相序正确后，方可通知合上负荷侧刀闸（开关）； （2）斗内电工用钳形电流表测试引流线的电流，判断所接引线的通流情况并汇报工作负责人	
		拆除	在获得工作负责人的许可后： （1）斗内电工检查确认新引线线夹安装无误； （2）绝缘遮蔽用具的拆除，按照"从远到近、从上到下"的原则；可由复杂到简单、先难后易进行，也可视现场实际情况从远到近依次进行； （3）在拆除遮蔽时动作应轻缓，对横担等地电位构件、邻相导线之间应有安全距离； （4）绝缘斗退出有电工作区域，作业人员返回地面	
		撤离作业面	（1）斗内电工清理工作现场，杆上、线上无遗留物，向工作负责人汇报施工质量。 （2）工作负责人应进行全面检查装置无缺陷，符合运行条件，确认工作完成无误后，向工作许可人汇报； （3）低压带电作业车收回臂、斗，斗内电工下车	
4	质量检查	现场工作负责人检查作业质量	全面检查作业质量，无遗漏的工具、材料等	
5	完工	现场工作负责人检查工作现场	现场工作负责人全面检查工作完成情况	

4.3　竣工内容应符合表 1-108 的要求。

表 1-108　　　　　　　竣 工 内 容 的 要 求

序号	内　容
1	清理工具及现场： （1）收回工器具、材料，摆放在防雨苫布上。 （2）工作负责人全面检查工作完成情况，清点整理工具、材料，将工器具清洁后放入专用的箱（袋）中，组织班组成员认真检查现场无遗留物，无误后撤离现场，做到"工完料尽场地清"
2	办理工作终结手续：工作负责人向设备运维管理单位（工作许可人）汇报工作结束，停用重合闸的需申请恢复线路重合闸装置（剩余电流动作保护器），终结工作票
3	召开收工会：工作负责人组织召开现场收工会，做工作总结和点评工作： （1）正确点评本项工作的施工质量； （2）点评班组成员在作业中的安全措施的落实情况； （3）点评班组成员对规程的执行情况
4	作业人员撤离现场

5. 验收总结

验收总结应符合表 1-109 的要求。

表 1-109 验 收 总 结 的 要 求

序号	验收总结	
1	验收评价	
2	存在问题及处理意见	

6. 指导书执行情况评估

指导书执行情况评估符合表 1-110 的要求。

表 1-110 指导书执行情况评估的要求

评估内容	符合性	优		可操作项	
		良		不可操作项	
	可操作性	优		修改项	
		良		遗漏项	
存在问题					
改进意见					

第九节 带负荷处理线夹发热

带负荷处理
线夹发热

1. 适用范围

本作业方法针对"0.4kV 绝缘手套作业法低压带电作业车带负荷处理线夹发热"工作编写而成，仅适用于该项工作。

适用范围：

（1）本作业指导书仅适用于严重缺陷（线夹电气连接处 80℃＜实测温度≤90℃或 30K＜相间温差≤40K）和一般缺陷（线夹电气连接处 75℃＜实测温度≤80℃或 10K＜相间温差≤30K）；

（2）仅限于导线负荷电流 300A 及以下条件作业；

（3）若现场无法判断引线损伤情况，则不适用此作业方法。

2. 引用文件

GB/T 18857《配电线路带电作业技术导则》

GB/T 18269—2008《交流 1kV、直流 1.5kV 及以下带电作业用手工工具通用技术条件》

国家电网安质〔2014〕265 号《国家电网公司电力安全工作规程（配电部分）（试行）》

Q/GDW 10520—2016《10kV 配网不停电作业规范》

《国家电网公司 现场标准化作业指导书编制导则（试行）》

《关于印发国家电网公司深入开展现场标准化作业工作指导意见的通知》

Q/GDW 745—2012《配网设备缺陷分类标准》

Q/GDW 11261—2014《配网检修规程》

3. 作业前准备

3.1 现场勘查应符合表 1–111 的基本要求。

表 1–111　　　　　　　　　　　现场勘查的基本要求

序号	内容	标　准	备注
1	现场勘查	（1）现场工作负责人应提前组织有关人员进行现场勘查，根据勘查结果做出能否进行带电作业的判断，并确定作业方法及应采取的安全技术措施。 （2）现场勘查包括下列内容：作业现场条件是否满足施工要求，能否使用低压带电作业车，以及存在的作业危险点等。 （3）工作线路双重名称、杆号。 1）杆身完好无裂纹； 2）埋深符合要求； 3）基础牢固； 4）周围无影响作业的障碍物。 （4）线路装置是否具备带电作业条件。本项作业应检查确认的内容有： 1）缺陷严重程度； 2）是否具备带电作业条件； 3）作业范围内地面土壤坚实、平整，符合低压带电作业车安置条件。 （5）确认负荷电流小于旁路引流线额定电流。超过时应提前转移或减少负荷。 （6）工作负责人指挥工作人员检查工作票所列安全措施，在工作票上补充安全措施	
2	了解现场气象条件	了解现场气象条件，判断是否符合《国家电网公司电力安全工作规程（配电部分）（试行）》对带电作业要求。 （1）天气应晴好，无雷、无雨、无雪、无雾； （2）风力不大于 5 级； （3）相对湿度不大于 80%	
3	组织现场作业人员学习作业指导书	掌握整个操作程序，理解工作任务及操作中的危险点及控制措施	
4	工作票	低压工作票	

3.2 现场作业人员应符合表 1–112 的基本要求。

表 1–112　　　　　　　　　　　现场作业人员的基本要求

序号	内　容	备注
1	作业人员应身体健康，无妨碍作业的生理和心理障碍	
2	作业人员经培训合格，取得相应作业资质	
3	作业人员必须掌握《国家电网公司电力安全工作规程（配电部分）（试行）》相关知识，并经年度考试合格	
4	高空作业人员必须具备从事高空作业的身体素质	
5	作业人员应掌握紧急救护法，特别要掌握触电急救方法	

3.3 工器具配备应符合表 1–113 的要求。

表 1–113　　　　　　　　工 器 具 配 备 的 要 求

序号	工器具名称		规格、型号	单位	数量	备注
1	特种车辆	低压带电作业车		辆	1	绝缘平台、绝缘梯、绝缘斗臂车等对地绝缘作业平台可替代
2	安全带	斗臂车专用安全带		副	1	
3	绝缘鞋	绝缘鞋	5kV	双	3	15kV、35kV 可替代
4	安全帽	安全帽		顶	3	
5	个人防护用具	绝缘手套	1kV	双	2	
6		防穿刺手套		双	2	
7		防电弧服	8cal/cm²	套	2	室外作业防电弧能力不小于 6.8cal/cm²；配电柜等封闭空间作业不小于 27.0cal/cm²
8		防电弧手套	8cal/cm²	双	2	
9		防电弧面屏	8cal/cm²	副	2	
10	绝缘遮蔽用具	绝缘包毯	1kV	块	7	
11		绝缘挂毯	1kV	块	2	绝缘橡胶毯
12		绝缘毯夹	大号	只	10	
13	绝缘工器具	绝缘旁路引流线	1kV	根	1	300A，6m
14		双头锁杆	1kV	根	1	
15		绝缘旁路引线固定杆	0.4m	根	4	研制
16		绝缘绳套	φ12mm	个	1	0.5m
17		绝缘斗外挂工具包		个	1	
18	其他主要工器具	验电器	0.1～1kV	套	1	
19		工频信号发生器	0.1～1kV	台	1	
20		钳形电流表		块	1	
21		温湿度计		台	1	
22		风速仪		台	1	
23		红外测温仪		台	1	
24		个人手工绝缘工具	1kV	套	4	
25		绝缘剥削器		把	1	
26		防潮苫布	4m×4m	块	1	
27		绝缘手套充气检查装备	G–99	个	1	
28		对讲机		个	3	
29		围栏、安全警示牌等			若干	
30	所需材料	绝缘自粘带	1kV	卷	2	
31		并沟线夹	LJ–185	套	2	
32		软铜丝刷		把	2	
33		电力复合脂		管	1	
34		无水乙醇		瓶	1	
35		清洁干燥毛巾		条	2	
36		洁净棉布		块	2	

3.4 危险点分析应符合表 1-114 的要求。

表 1-114 **危 险 点 分 析 的 要 求**

序号	内 容
1	工作负责人、专责监护人违章兼做其他工作或监护不到位，使作业人员失去监护
2	旁路引线设备投运前未进行外观检查，因设备损毁或有缺陷未及时发现造成人身、设备事故
3	未设置防护措施及安全围栏、警示牌，发生行人车辆进入作业现场，造成危害发生
4	低压带电作业车位置停放不佳，附近存在电力线和障碍物，坡度过大，造成车辆倾覆人员伤亡事故
5	作业人员未对低压带电作业车支腿情况进行检查，误支放在沟道盖板上、未使用垫块或枕木、支撑不到位，造成车辆倾覆人员伤亡事故
6	低压带电作业车操作人员未将低压带电作业车可靠接地
7	遮蔽作业时动作幅度过大，接触带电体形成回路，造成人身伤害
8	遮蔽不完整，留有漏洞、带电体暴露，作业时接触带电体形成回路，造成人身伤害
9	敷设旁路引线方法错误，旁路引线与硬物、尖锐物摩擦，导致旁路引线损坏
10	旁路作业前未检测确认待检修线路负荷电流，负荷电流过大造成旁路引流线过载
11	拆除旧线夹引线、新线夹引线接火时，人体串入电路，造成人身伤害
12	新线夹引线安装完毕后未检测通流情况，若存在连接缺陷，拆除旁路引流线时造成人身伤害
13	未能正确使用个人防护用品、登高工具，造成高处坠落人员伤害
14	地面人员在作业区下方逗留，造成高处落物伤害

3.5 安全注意事项应符合表 1-115 的要求。

表 1-115 **安 全 注 意 事 项 的 要 求**

序号	内 容
1	作业现场应有专人负责指挥施工，做好现场的组织、协调工作。作业人员应听从工作负责人指挥。专责监护人应履行监护职责，不得兼做其他工作，要选择便于监护的位置，监护的范围不得超过一个作业点
2	旁路引线设备投运前应进行外观检查，避免因设备损毁或有缺陷未及时发现造成人身、设备事故
3	作业现场及工具摆放位置周围应设置安全围栏、警示标志，防止行人及其他车辆进入作业现场，必要时应派专人守护
4	低压带电作业车应停放到最佳位置： （1）停放的位置应便于低压带电作业车绝缘斗到达作业位置，避开附近电力线和障碍物； （2）停放位置坡度不大于7°； （3）低压带电作业车应顺线路停放
5	作业人员应对低压带电作业车支腿情况进行检查，向工作负责人汇报检查结果。检查标准为： （1）不应支放在沟道盖板上。 （2）软土地面应使用垫块或枕木，垫板重叠不超过2块。 （3）支撑应到位。车辆前后、左右呈水平，整车支腿受力，车轮离地
6	低压带电作业车操作人员将低压带电作业车可靠接地
7	低压电气带电作业应戴绝缘手套（含防穿刺手套）、防护面罩、穿防电弧服，并保持对地绝缘；遮蔽作业时动作幅度不得过大，防止造成相间、相对地放电；若存在相间短路风险应加装绝缘遮蔽（隔离）措施
8	遮蔽应完整，遮蔽重合长度不小于5cm，避免留有漏洞、带电体暴露，作业时接触带电体形成回路，造成人身伤害

序号	内　　容
9	敷设旁路引线时，须由多名作业人员配合使旁路引线离开地面整体敷设，防止旁路引线与地面硬物、尖锐物摩擦
10	作业前需检测确认待检修线路负荷电流小于旁路引线额定电流值
11	拆除旧线夹引线、新线夹引线接火时应使用绝缘工具有效控制线头，避免人体串入电路造成人身伤害
12	新线夹引线安装完毕后应检测通流情况正常
13	正确使用个人防护用品、登高工具，对安全带进行冲击试验，避免意外断裂造成高处坠落人员伤害
14	地面人员不得在作业区下方逗留，避免造成高处落物伤害

3.6　人员组织应符合表 1–116 的要求。

表 1–116　　　　　　　　　　人 员 组 织 的 要 求

人员分工	人数	工作内容
工作负责人	1 人	全面负责现场作业；监护高处作业人员安全
作业班组成员（斗内）	1 人	负责作业（处理线夹发热）
作业班组成员（地面）	1 人	负责地面配合作业

4. 作业程序

4.1　现场复勘的内容应符合表 1–117 的要求。

表 1–117　　　　　　　　　　现场复勘的内容要求

序号	内　　容	备注
1	工作负责人指挥工作人员核对工作线路双重名称、杆号	
2	工作负责人指挥工作人员检查地形环境是否符合作业要求： （1）杆身完好无裂纹； （2）埋深符合要求； （3）基础牢固； （4）周围无影响作业的障碍物	
3	工作负责人指挥工作人员检查线路装置是否具备带电作业条件。本项作业应检查确认的内容有： （1）缺陷严重程度； （2）是否具备带电作业条件； （3）作业范围内地面土壤坚实、平整，符合低压带电作业车安置条件	
4	线路装置是否具备带电作业条件；确认负荷电流小于旁路引流线额定电流。超过时应提前转移或减少负荷	
5	工作负责人指挥工作人员检查气象条件： （1）天气应晴好，无雷、无雨、无雪、无雾； （2）风力不大于 5 级； （3）相对湿度不大于 80%	
6	工作负责人指挥工作人员检查工作票所列安全措施，在工作票上补充安全措施	

4.2　作业内容及标准应符合表 1–118 的要求。

表 1-118   作业内容及标准的要求

序号	作业步骤	作业内容	标　　准	备注
1	开工	执行工作许可制度	工作负责人按工作票内容与设备运维管理单位联系,获得设备运维管理单位工作许可,确认线路重合闸装置(剩余电流动作保护器)已退出	
			工作负责人在工作票上签字,并记录许可时间	
		召开现场会	工作负责人宣读工作票	
			工作负责人检查工作班组成员精神状态,交代工作任务进行分工,交代工作中的安全措施和技术措施	
			工作负责人检查班组各成员对工作任务分工、安全措施和技术措施是否明确	
			班组各成员在工作票和作业指导书(卡)上签名确认	
		作业前测温	用红外测温仪测量引线线夹温度	
		停放低压带电作业车	低压带电作业车驾驶员将低压带电作业车位置停放到最佳位置: (1)停放的位置应便于低压带电作业车绝缘斗到达作业位置,避开附近电力线和障碍物; (2)停放位置坡度不大于 7°,低压带电作业车应顺线路停放	
			低压带电作业车操作人员支放低压带电作业车支腿,作业人员对支腿情况进行检查,向工作负责人汇报检查结果。检查标准为: (1)不应支放在沟道盖板上。 (2)软土地面应使用垫块或枕木,垫板重叠不超过 2 块。 (3)支撑应到位。车辆前后、左右呈水平;支腿应全部伸出,整车支腿受力,车轮离地	
			低压带电作业车操作人员将低压带电作业车可靠接地	
		布置工作现场	工作负责人组织班组成员设置工作现场的安全围栏、安全警示标志: (1)安全围栏的范围应考虑作业中高空坠落和高空落物的影响以及道路交通,必要时联系交通部门; (2)围栏的出入口应设置合理; (3)警示标示应包括"从此进出"、"施工现场"等,道路两侧应有"车辆慢行"或"车辆绕行"标示或路障	
			班组成员按要求将绝缘工器具放在防潮苫布上: (1)防潮苫布应清洁、干燥; (2)工器具应按定置管理要求分类摆放; (3)绝缘工器具不能与金属工具、材料混放	
2	检查	检查绝缘工器具	班组成员使用清洁干燥毛巾逐件对绝缘工器具进行擦拭并进行外观检查: (1)检查人员应戴清洁、干燥的手套; (2)绝缘工具表面不应磨损、变形损坏,操作应灵活; (3)个人安全防护用具和遮蔽、隔离用具应无针孔、砂眼、裂纹	
			绝缘工器具检查完毕,向工作负责人汇报检查结果	
		检查低压带电作业车	斗内电工检查低压带电作业车表面状况:绝缘斗应清洁、无裂纹损伤	
			试操作低压带电作业车: (1)试操作应空斗进行。 (2)试操作应充分,有回转、升降、伸缩的过程。确认液压、机械、电气系统正常可靠、制动装置可靠	
			低压带电作业车检查和试操作完毕,斗内电工向工作负责人汇报检查结果	

续表

序号	作业步骤	作业内容	标　准	备注
2	检查	检查旁路绝缘引流线	检查旁路绝缘引流线： （1）清洁旁路绝缘引流线线夹接触面的氧化物； （2）检查旁路绝缘引流线的额定荷载电流并对照线路负荷电流（可根据现场勘查或运行资料获得），引流线的额定荷载电流应大于线路最大负荷电流1.2倍； （3）旁路绝缘引流线表面绝缘应无明显磨损或破损现象； （4）旁路绝缘引流线线夹应操作灵活	
3	作业施工	斗内电工进入绝缘斗	斗内电工穿戴好个人防护用具： （1）绝缘防护用具包括安全帽、绝缘手套（带防穿刺手套）、绝缘鞋、防电弧服、防护面罩、防电弧手套等； （2）工作负责人应检查斗内电工绝缘防护用具的穿戴是否正确 斗内电工携带工器具进入绝缘斗： （1）工器具应分类放置工具袋中； （2）工器具的金属部分不准超出绝缘斗边缘面； （3）工具和人员重量不得超过绝缘斗额定载荷 斗内电工将斗内专用绝缘安全带系挂在斗内专用挂钩上	
		进入带电作业区域	斗内电工经工作负责人许可后，进入带电作业区域： （1）斗内工作电工在作业过程中不得失去安全带保护； （2）斗内工作电工人身不得过度探出车外，失去平衡； （3）再次确认线路状态，满足作业条件	
		验电	斗内电工使用验电器确认作业现场无漏电现象： （1）在带电导线上检验验电器是否完好； （2）验电时作业人员应与带电导体保持安全距离，验电顺序应由近及远，验电时应戴绝缘手套； （3）检验作业现场接地构件、绝缘子有无漏电现象，确认无漏电现象，验电结果汇报工作负责人	
		检测线路引线负荷电流	斗内电工用钳形电流表测试主线路引线负荷电流，判断通流情况并汇报工作负责人。 （1）确认负荷电流小于300A； （2）确认负荷电流小于旁路引流线额定电流	
		设置绝缘遮蔽隔离措施	获得工作负责人的许可后，斗内电工转移绝缘斗到近边相导线合适工作位置，按照"从近到远、从下到上"的顺序对作业中可能触及的带电体、接地体进行绝缘遮蔽隔离：（每侧用3块绝缘包毯；横担用1块绝缘包毯，用于保护绝缘引流线；旁路绝缘引流线放置在遮蔽后的横担上） （1）对线路引线进行遮蔽：使用绝缘挂毯，挂在检修引线内侧，将检修引线绝缘隔离出来； （2）依次对引线、导线、工作侧横担按照"先下后上、先近后远"的顺序原则进行绝缘遮蔽（拆除时相反）； （3）斗内电工在对带电体设置绝缘遮蔽隔离措施时，动作应轻缓，对横担、带电体之间应有安全距离； （4）绝缘遮蔽隔离措施应严密、牢固，绝缘遮蔽组合应重叠	
		安装旁路绝缘引流线	（1）斗内电工检查确认遮蔽无误。 （2）获得工作负责人的许可后，斗内电工打开导线上的绝缘遮蔽，在距离耐张线夹出口100mm处安装旁路引流线绝缘固定杆（确认同一根导线），在300mm处剥除主线绝缘，做好旁路接口，恢复遮蔽。 （3）斗内电工敷设旁路绝缘引流线：先将旁路绝缘引流线盘放置在横担端部，向一端展放，到位后固定在绝缘固定杆上，然后将旁路绝缘引流线另一端展放并固定在横担另一侧绝缘固定杆上，旁路绝缘引流线应尽可能靠近检修相导线。 （4）获得工作负责人的许可后，斗内电工依次打开导线上搭接旁路绝缘引流线部位的绝缘遮蔽措施，清除导线氧化层，安装旁路绝缘引流线（注意放下防电弧面屏）。 （5）恢复旁路绝缘引流线线夹处的绝缘遮蔽隔离措施。旁路绝缘引流线与地电位构件接触部位应有绝缘遮蔽隔离措施，与邻相导体之间有距离。 （6）作业中，严防人体串入电路	

序号	作业步骤	作业内容	标　准	备注
3	作业施工	检测旁路绝缘引流线通流情况	斗内电工用钳形电流表测试主线路、旁路绝缘引流线的电流，判断通流情况并汇报工作负责人。测试2处：主导线、旁路绝缘引流线	
		降温	采取措施降低线路引线线夹温度，使得线夹温度满足作业条件； （1）自然降温； （2）物理降温	
		拆除检修相引线线夹、消缺	获得工作负责人的许可后： （1）斗内电工在拆除引线前检查确认横担及带电体的绝缘遮蔽隔离措施应严密牢固； （2）斗内电工拆除一只引线并沟线夹，在原并沟线夹位置用双头锁杆将两根引线锁牢； （3）斗内电工拆除另一只引线并沟线夹，对引线导体部分进行消缺处理（清除氧化层、涂刷电力脂、清除氧化膜），安装新并沟线夹； （4）斗内电工拆除双头锁杆，对引线导体部分进行消缺处理（清除氧化层、涂刷电力脂、清除氧化膜）后，安装新并沟线夹； （5）斗内电工作业时应穿防电弧服、戴防电弧面屏、绝缘手套（内层戴防电弧手套）； （6）作业中，严防人体串入电路	
		检测通流情况	斗内电工用钳形电流表测试主线路、旁路绝缘引流线的电流，判断通流情况并汇报工作负责人。测试2处：主导线引流线、旁路绝缘引流线	
		拆除	在获得工作负责人的许可后； （1）斗内电工检查确认新引线线夹安装无误后，拆除旁路绝缘引流线。 （2）斗内电工恢复主导线的绝缘。 （3）拆除绝缘固定杆。 （4）斗内电工拆除横担部位、导线的绝缘遮蔽。 （5）在拆除旁路绝缘引流线过程中作业人员严禁串入电路。 （6）在拆除遮蔽时动作应轻缓，对横担等地电位构件、邻相导线之间应有安全距离。 （7）绝缘遮蔽用具的拆除，按照"从远到近、从上到下"的原则；可由复杂到简单、先难后易进行，也可视现场实际情况从远到近依次进行。 （8）绝缘斗退出有电工作区域，作业人员返回地面	
		撤离作业面	（1）斗内电工清理工作现场，杆上、线上无遗留物，向工作负责人汇报施工质量。 （2）工作负责人应进行全面检查装置无缺陷，符合运行条件，确认工作完成无误后，向工作许可人汇报。 （3）低压带电作业车收回臂、斗，斗内电工下车	
4	质量检查	现场工作负责人检查作业质量	全面检查作业质量，无遗漏的工具、材料等	
5	完工	现场工作负责人检查工作现场	现场工作负责人全面检查工作完成情况	

4.3　竣工内容应符合表1-119的要求。

表1-119　　　　　　　　　竣　工　内　容　的　要　求

序号	内　容
1	清理工具及现场： （1）收回器具、材料，摆放在防雨苫布上。 （2）工作负责人全面检查工作完成情况，清点整理工具、材料，将工器具清洁后放入专用的箱（袋）中，组织班组成员认真检查现场无遗留物，无误后撤离现场，做到"工完料尽场地清"

续表

序号	内　　容
2	办理工作终结手续：工作负责人向设备运维管理单位（工作许可人）汇报工作结束，停用重合闸的需申请恢复线路重合闸装置（剩余电流动作保护器），终结工作票
3	召开收工会：工作负责人组织召开现场收工会，做工作总结和点评工作： （1）正确点评本项工作的施工质量； （2）点评班组成员在作业中的安全措施的落实情况； （3）点评班组成员对规程的执行情况
4	作业人员撤离现场

5. 验收总结

验收总结应符合表 1-120 的要求。

表 1-120　　　　　　　　　　　验 收 总 结 的 要 求

序号	验收总结	
1	验收评价	
2	存在问题及处理意见	

6. 指导书执行情况评估

指导书执行情况评估应符合表 1-121 的要求。

表 1-121　　　　　　　　　　指导书执行情况评估的要求

评估内容	符合性	优		可操作项	
		良		不可操作项	
	可操作性	优		修改项	
		良		遗漏项	
存在问题					
改进意见					

第十节　带电更换直线杆绝缘子

带电更换直
线杆绝缘子

1. 适用范围

本作业方法适用于 0.4kV 配电线路绝缘手套法带电更换直线绝缘子工作。

2. 引用文件

GB/T 18857—2019《配电线路带电作业技术导则》

GB/T 18269—2008《交流 1kV、直流 1.5kV 及以下带电作业用手工工具通用技术条件》

国家电网安质〔2014〕265 号《国家电网公司电力安全工作规程（配电部分）（试行）》
Q/GDW 10520—2016《10kV 配网不停电作业规范》
《国家电网公司　现场标准化作业指导书编制导则（试行）》
《关于印发国家电网公司深入开展现场标准化作业工作指导意见的通知》
Q/GDW 745—2012《配网设备缺陷分类标准》
Q/GDW 11261—2014《配网检修规程》

3．作业前准备

3.1　现场勘查应符合表 1–122 的基本要求。

表 1–122　　　　　　　　　　　　现场勘查的基本要求

序号	内容	标　准	备注
1	现场勘查	（1）现场工作负责人应提前组织有关人员进行现场勘查，根据勘查结果做出能否进行带电作业的判断，并确定作业方法及应采取的安全技术措施。 （2）现场勘查包括下列内容：作业现场条件是否满足施工要求，能否使用低压带电作业车，以及存在的作业危险点等。 （3）工作线路双重名称、杆号。 1）杆身完好无裂纹； 2）埋深符合要求； 3）基础牢固； 4）周围无影响作业的障碍物。 （4）线路装置是否具备带电作业条件。本项作业应检查确认的内容有： 1）是否具备带电作业条件； 2）作业范围内地面土壤坚实、平整，符合低压带电作业车安置条件。 （5）工作负责人指挥工作人员检查工作票所列安全措施，在工作票上补充安全措施	
2	了解现场气象条件	了解现场气象条件，判断是否符合《国家电网公司电力安全工作规程（配电部分）（试行）》对带电作业要求： （1）天气应晴好，无雷、无雨、无雪、无雾； （2）风力不大于 5 级； （3）相对湿度不大于 80%	
3	组织现场作业人员学习作业指导书	掌握整个操作程序，理解工作任务及操作中的危险点及控制措施	
4	工作票	低压工作票	

3.2　现场作业人员应符合表 1–123 的基本要求。

表 1–123　　　　　　　　　　　　现场作业人员的基本要求

序号	内　容	备注
1	作业人员应身体健康，无妨碍作业的生理和心理障碍；高空作业人员必须具备从事高空作业的身体素质	
2	作业人员应情绪稳定，精神集中，状况良好	
3	作业人员必须掌握《国家电网公司电力安全工作规程（配电部分）（试行）》相关知识，并经年度考试合格	
4	作业人员经培训合格，取得相应不停电作业资质	
5	作业人员应掌握紧急救护法，特别要掌握触电急救方法	

3.3 工器具配备应符合表 1-124 的要求。

表 1-124　　　　　　　　　　工 器 具 配 备 的 要 求

序号	工器具名称		规格、型号	单位	数量	备注
1	特种车辆	低压带电作业车		辆	1	绝缘斗臂车、绝缘平台、绝缘梯等对地绝缘作业平台可替代
2	安全带	全方位背带式安全带		副	1	
3	绝缘鞋	绝缘鞋	5kV	双	3	15kV、35kV 可替代
4	安全帽	安全帽		顶	3	
5	个人防护用具	绝缘手套	1kV	双	2	10kV 可替代
6		防穿刺手套		双	1	
7		防电弧服	8cal/cm²	套	1	室外作业防电弧能力不小于 6.8cal/cm²；配电柜等封闭空间作业不小于 27.0cal/cm²
8		防电弧手套	8cal/cm²	双	1	
9		防电弧眼镜	8cal/cm²	副	1	
10	绝缘遮蔽用具	绝缘包毯	1kV	块	4	10kV 可替代
11		绝缘毯夹		只	若干	
12		导线遮蔽罩	1kV	个	4	
13		绝缘子遮蔽罩	1kV	个	1	
14	其他主要工器具	验电器	0.1~1kV	套	1	
15		温湿度计		台	1	
16		风速仪		台	1	
17		绝缘老虎钳	1kV	把	1	
18		活络扳手		把	1	
19		防潮苫布	4m×4m	块	1	
20		绝缘手套充气检查装备	G-99	个	1	
21		围栏、安全警示牌等			若干	
22	所需材料	针瓶	0.4kV	只	1	
23		扎线		卷	1	
24		清洁干燥毛巾		条	2	

3.4 危险点分析应符合表 1-125 的要求。

表 1-125　　　　　　　　　　危 险 点 分 析 的 要 求

序号	内　　容
1	工作负责人、监护人违章兼做其他工作或监护不到位，使作业人员失去监护
2	未设置防护措施及安全围栏、警示牌，发生行人车辆进入作业现场，造成危害发生
3	低压带电作业车位置停放不佳，附近存在电力线和障碍物，坡度过大，造成车辆倾覆人员伤亡事故

续表

序号	内　容
4	作业人员未对低压带电作业车支腿情况进行检查，误支放在沟道盖板上、未使用垫块或枕木、支撑不到位，造成车辆倾覆人员伤亡事故
5	开始作业前未进行验电，造成人身伤亡
6	遮蔽作业时动作幅度过大，接触带电体形成回路，造成人身伤害
7	遮蔽不完整，留有漏洞、带电体暴露，作业时接触带电体形成回路，造成人身伤害
8	解/绑扎线时，扎线过长造成相地短路
9	地面人员在作业区下方逗留，造成高处落物伤害

3.5　安全注意事项应符合表 1-126 的要求。

表 1-126　　　　　　　　　安全注意事项的要求

序号	内　容
1	作业现场应有专人负责指挥施工，做好现场的组织、协调工作。作业人员应听从工作负责人指挥。监护人应履行监护职责，不得兼做其他工作，要选择便于监护的位置，监护的范围不得超过一个作业点
2	作业现场及工具摆放位置周围应设置安全围栏、警示标志，防止行人及其他车辆进入作业现场，必要时应派专人守护
3	低压带电作业车应停放到最佳位置： （1）停放的位置应便于低压带电作业车工作斗到达作业位置，避开附近电力线和障碍物； （2）停放位置平整，保持车身水平； （3）低压带电作业车应顺线路停放
4	作业人员应对低压带电作业车支腿情况进行检查，向工作负责人汇报检查结果。检查标准为： （1）支腿伸缩正常； （2）不应支放在沟道盖板上，软土地面应使用垫块或枕木，垫板重叠不超过 2 块； （3）支撑应到位、稳固
5	开始作业前需先对验电器进行自检，自检合格后按"先带电体后接地体"的原则进行验电，并汇报验电结果
6	低压电气带电作业应戴绝缘手套（含防穿刺手套）、防电弧服、眼镜等，并保持对地绝缘；遮蔽作业时动作幅度不得过大，防止造成相间、相对地放电；若存在相间短路风险应加装绝缘遮蔽（隔离）措施
7	遮蔽应完整，不同遮蔽物之间保持一定重合，避免留有漏洞、带电体暴露，作业时接触带电体形成回路，造成人身伤害
8	解/绑扎线时，剩余扎丝应成卷，边解/绑边收/放，避免扎丝过长接触横担等
9	地面人员不得在作业区下方逗留，避免造成高处落物伤害

3.6　人员组织应符合表 1-127 的要求。

表 1-127　　　　　　　　　人员组织的要求

人员分工	人数	工作内容
工作负责人	1 人	全面负责现场作业；监护作业人员安全
作业班组成员（斗内）	1 人	负责作业（更换直线杆绝缘子）
作业班组成员（地面）	1 人	负责地面配合作业

4. 作业程序

4.1 现场复勘的内容应符合表 1-128 的要求。

表 1-128 现场复勘的内容要求

序号	内 容	备注
1	工作负责人指挥工作人员核对工作线路双重名称、杆号	
2	工作负责人指挥工作人员检查地形环境是否符合作业要求： （1）杆身完好无裂纹； （2）埋深符合要求； （3）基础牢固； （4）周围无影响作业的障碍物	
3	工作负责人指挥工作人员检查线路装置是否具备带电作业条件。本项作业应检查确认的内容有： （1）是否具备带电作业条件； （2）作业范围内地面土壤坚实、平整，符合低压带电作业车安置条件	
4	工作负责人指挥工作人员检查气象条件： （1）天气应晴好，无雷、无雨、无雪、无雾； （2）风力不大于 5 级； （3）相对湿度不大于 80%	
5	工作负责人指挥工作人员检查工作票所列安全措施，在工作票上补充安全措施	

4.2 作业内容及标准应符合表 1-129 的要求。

表 1-129 作业内容及标准的要求

序号	作业步骤	作业内容	标 准	备注
1	开工准备	布置工作现场	工作负责人组织班组成员设置工作现场的安全围栏、安全警示标志： （1）安全围栏的范围应考虑作业中高空坠落和高空落物的影响以及道路交通，必要时联系交通部门； （2）围栏的出入口应设置合理； （3）警示标示应包括"从此进出"、"施工现场"等，道路两侧应有"车辆慢行"或"车辆绕行"标示或路障	
			班组成员按要求将绝缘工器具放在防潮苫布上： （1）防潮苫布应清洁、干燥； （2）工器具应按定置管理要求分类摆放； （3）绝缘工器具不能与金属工具、材料混放	
		停放低压带电作业车	驾驶员应将低压带电作业车应停放到最佳位置： （1）停放的位置应便于低压带电作业车工作斗到达作业位置，避开附近电力线和障碍物； （2）停放位置平整，保持车身水平； （3）低压带电作业车应顺线路停放	
			作业人员应对低压带电作业车支腿情况进行检查，向工作负责人汇报检查结果。检查标准为： （1）支腿伸缩正常； （2）不应支放在沟道盖板上，软土地面应使用垫块或枕木，垫板重叠不超过 2 块； （3）支撑应到位、稳固	
		执行工作许可制度	工作负责人向设备运行单位申请许可工作。汇报内容为工作负责人姓名、工作地点（线路名称、杆号及设备名称）、工作任务、计划工作时间，完毕后工作负责人在工作票上记录许可时间并签名	

序号	作业步骤	作业内容	标 准	备注
1	开工准备	召开现场会	工作负责人宣读工作票	
			工作负责人检查工作班组成员精神状态，交代工作任务进行分工，交代工作中的安全措施和技术措施	
			工作负责人检查班组各成员对工作任务分工、安全措施和技术措施是否明确	
			班组各成员在工作票和作业指导书（卡）上签名确认	
		检查绝缘工器具	班组成员使用清洁干燥毛巾逐件对绝缘工器具进行擦拭并进行外观检查： （1）作业人员应戴干净清洁的手套，用干燥、清洁的毛巾擦拭绝缘工器具； （2）绝缘工器具外观清洁，不应磨损、变形损坏，操作应灵活； （3）个人安全防护用具和遮蔽、隔离用具应无针孔、砂眼、裂纹，绝缘手套应采充气检查的方式； （4）安全带应进行冲击试验	
			绝缘工器具检查完毕，向工作负责人汇报检查结果	
		检查低压带电作业车	斗内电工检查低压带电作业车表面状况：绝缘斗应清洁、无裂纹损伤	
			试操作低压带电作业车： （1）试操作应空斗进行； （2）试操作应充分，有回转、升降、伸缩的过程。确认液压、机械、电气系统正常可靠、制动装置可靠	
			低压带电作业车检查和试操作完毕，斗内电工向工作负责人汇报检查结果	
2	作业过程	斗内电工进入作业区域	斗内电工穿戴好个人防护用具： （1）绝缘防护用具包括安全帽、绝缘手套（戴防穿刺手套）、绝缘鞋、防电弧服、防护面罩、防电弧手套等； （2）工作负责人应检查斗内电工绝缘防护用具的穿戴是否正确	
			斗内电工携带工器具进入绝缘斗： （1）工器具应分类放置工具袋中； （2）工器具的金属部分不准超出绝缘斗边缘面； （3）工具和人员重量不得超过绝缘斗额定载荷	
			斗内电工将斗内专用绝缘安全带系挂在斗内专用挂钩上	
			斗内电工经工作负责人许可后，进入带电作业区域： （1）斗内工作电工在作业过程中不得失去安全带保护； （2）斗内工作电工人身不得过度探出车斗，失去平衡； （3）再次确认线路状态，满足作业条件	
		验电	斗内电工使用验电器确认作业现场无漏电现象： （1）对验电器进行自检； （2）用自检合格的验电器进行验电，验电时作业人员应与带电导体保持安全距离，验电顺序应由近及远，验电时应戴绝缘手套； （3）检验作业现场接地构件、绝缘子有无漏电现象，确认无漏电现象，验电结果汇报工作负责人	
		设置绝缘遮蔽	获得工作负责人的许可后，斗内电工转移绝缘斗到近边相导线合适工作位置，按照"从近到远"的顺序对作业中可能触及的带电体、接地体进行绝缘遮蔽隔离： （1）遮蔽边相导线、边相绝缘子，然后遮蔽中相导线，中相绝缘子，最后对电杆及横担进行遮蔽； （2）在对带电体设置绝缘遮蔽隔离措施时，动作应轻缓，对横担、带电体之间应有安全距离； （3）绝缘遮蔽隔离措施应严密、牢固，绝缘遮蔽组合应重叠	

序号	作业步骤	作业内容	标　　准	备注
2	作业过程	更换中相绝缘子	经过工作负责人许可后，斗内作业人员进行中相绝缘子更换工作： （1）拆除中相绝缘子的遮蔽及扎丝； （2）两导线遮蔽罩重叠后，将导线放置于横担上； （3）更换绝缘子； （4）恢复横担（中相绝缘子安装孔处）的绝缘遮蔽； （5）将导线挪到绝缘子线槽内，扎丝扎牢； （6）恢复中相绝缘子遮蔽	
		拆除绝缘遮蔽	获得工作负责人许可后，按照与设置遮蔽相反的顺序进行绝缘拆除： （1）拆除电杆遮蔽； （2）拆除中相（横担、绝缘子）绝缘遮蔽； （3）拆除边相绝缘遮蔽	
		撤离作业面	（1）斗内电工清理工作现场，杆上、线上无遗留物，向工作负责人汇报施工质量。 （2）工作负责人应进行全面检查装置无缺陷，符合运行条件，确认工作完成无误后，向工作许可人汇报。 （3）绝缘斗（臂）车收回臂、斗，斗内电工下车	
3	质量检查	现场工作负责人检查作业质量	全面检查作业质量，无遗漏的工具、材料等	
4	完工	现场工作负责人检查工作现场	现场工作负责人全面检查工作完成情况	

4.3 竣工内容应符合表 1-130 的要求。

表 1-130　　　　　　　竣 工 内 容 的 要 求

序号	内　　容
1	召开收工会：工作负责人组织召开现场收工会，做工作总结和点评工作： （1）正确点评本项工作的施工质量； （2）点评班组成员在作业中的安全措施的落实情况； （3）点评班组成员对规程的执行情况
2	办理工作终结手续：工作负责人向设备运维管理单位（工作许可人）汇报工作结束，终结工作票
3	清理工具及现场： （1）收回工器具、材料，摆放在防雨苫布上。 （2）工作负责人全面检查工作完成情况，清点整理工具、材料，将工器具清洁后放入专用的箱（袋）中，组织班组成员认真检查现场无遗留物，无误后撤离现场，做到"工完料尽场地清"

5. 验收总结

验收总结应符合表 1-131 的要求。

表 1-131　　　　　　　验 收 总 结 的 要 求

序号	验收总结	
1	验收评价	
2	存在问题及处理意见	

6. 指导书执行情况评估

指导书执行情况评估应符合表 1-132 的要求。

表 1－132　　　　　　　　　　　　**指导书执行情况评估的要求**

评估内容	符合性	优		可操作项	
		良		不可操作项	
	可操作性	优		修改项	
		良		遗漏项	
存在问题					
改进意见					

第十一节　旁路作业加装智能配电变压器终端

旁路作业加装智能
配电变压器终端

1. 适用范围

本作业方法适用于 0.4kV 旁路不停电更换低压开关及加装智能配电变压器终端作业指导书，适用于加装智能终端同时需要更换低压开关的作业。

2. 引用文件

Q/GDW 1519—2014《配网运维规程》

DL/T 320—2010《个人电弧防护用品通用技术要求》

GB 17622—2008《带电作业用绝缘手套通用技术条件》

GB/T 18037—2008《带电作业工具基本技术要求与设计导则》

GB/T 14286—2008《带电作业工具设备术语》

GB/T 2900.55—2016《电工术语　带电作业》

国家电网安质〔2014〕265 号《国家电网公司电力安全工作规程（配电部分）（试行）》

国家电力公司武汉高压研究所《配电线路带电作业技术》

DL/T 878—2004《带电作业用绝缘工具试验导则》

3. 作业前准备

3.1　现场勘查应符合表 1－133 的基本要求。

表 1－133　　　　　　　　　　　　**现场勘查的基本要求**

序号	内容	标　准	备注
1	现场勘查	现场工作负责人应提前组织有关人员进行现场勘查，根据勘查结果做出能否进行不停电作业的判断，并确定作业方法及应采取的安全技术措施	
2	编写作业指导书	工作负责人根据现场勘查情况编写作业指导书	
3	开工前一天准备好带电作业所需工器具及材料	工器具必须有试验合格证，材料应充足齐全	
4	填写工作票并签发	按要求填写低压工作票，安全措施应符合现场实际，工作票应提前一天签发	

3.2　现场作业人员应符合表 1−134 的基本要求。

表 1−134　　　　　　　　　　现场作业人员的基本要求

序号	内　　　容	备注
1	作业人员应经《国家电网公司电力安全工作规程（配电部分）（试行）》考试合格	
2	作业人员应具备必要的电气知识，熟悉配电线路带电作业规范	
3	作业人员应身体状况良好，情绪稳定，精神集中	
4	作业人员应两穿一戴，个人工具和劳保防护用品应合格齐备	
5	带电作业人员应具备相应的资质，并熟练掌握配电线路带电作业方法及技术	

3.3　工器具配备应符合表 1−135 的要求。

表 1−135　　　　　　　　　　工 器 具 配 备 的 要 求

序号	工器具名称		规格、型号	单位	数量	备注
1	个人防护用具	绝缘手套（含防穿刺手套）		副	3	
		绝缘鞋（靴）		双	7	
		双控背带式安全带		副	2	
		安全帽		顶	7	
		防护眼镜（面罩）		副	3	
		防电弧服	8cal/cm²	套	3	室外作业防电弧能力不小于 6.8cal/cm²；配电柜等封闭空间作业不小于 27.0cal/cm²
2	绝缘工具	低压带电作业车	0.4kV	辆	1	根据现场实际情况安排
		绝缘护套	0.4kV	个	若干	
		绝缘操作棒		根	1	
		绝缘放电棒		根	1	
		绝缘毯		块	若干	
		绝缘隔板		块	若干	
		绝缘遮蔽罩		个	若干	
3	辅助工具	防潮垫或苫布		块	若干	
		变压器设备线夹引流装置		根	4	
		低压旁路开关		台	1	
		低压旁路柔性电缆		根	8	
		余缆支架		根	1	
		绝缘绳		根	1	

续表

序号	工器具名称		规格、型号	单位	数量	备注
4	低压绝缘工器具	个人手工绝缘工具	1kV	套	1	
5	仪器仪表	绝缘电阻表	500V	块	1	
		万用表		块	1	
		钳型电流表		块	1	
		红外测温仪		块	1	
		温湿度仪		块	1	
		低压声光验电器	0.4kV	支	1	
6	其他工器具	交通安全警示牌		块	2	"电力施工、车辆缓行"
		围栏（网）、安全警示牌等			若干	

3.4　危险点分析应符合表 1–136 的要求。

表 1–136　　　　　　　　危 险 点 分 析 的 要 求

序号	内　　容
1	没有对现场装置进行验电，会造成人身触电
2	作业点周围的带电部位不进行绝缘遮蔽，有可能发生接地或短路
3	人员动作过大，可能会触碰带电设备发生触电
4	低压旁路电缆的绝缘性能差，可能会引起触电
5	人体同时接触不同电位的物体时，会造成触电
6	配合人员向中间电位人员传递工器具及材料时，可能造成触电
7	旁路开关发生假断，会造成带负荷搭接旁路引流线
8	作业人员高空作业不使用安全带，会发生坠落
9	发生高空落物时，会造成人身伤害
10	工作地点在车辆较多的马路附近时，可能会发生交通意外

3.5　安全注意事项应符合表 1–137 的要求。

表 1–137　　　　　　　　安 全 注 意 事 项 的 要 求

序号	内　　容
1	作业前用验电器确认电杆、横担无漏电现象
2	对作业点附近的带电部位进行绝缘遮蔽。遮蔽应完整，遮蔽重合，避免留有漏洞、带电体暴露，作业时接触带电体形成回路，造成人身伤害
3	监护人员应时刻提醒作业人员动作范围
4	旁路系统运行前采用绝缘电阻表测量绝缘电阻
5	接引线时应使用绝缘工具有效控制引线端头；严禁同时接触不同电位，以防人体串入电路造成人身伤害

续表

序号	内 容
6	配合人员向中间电位人员传递材料时，要使用绝缘绳索
7	旁路开关的断开状态，应用表计测量确认
8	高空作业人员正确使用安全带，安全带的挂钩要挂在牢固的构件上
9	作业区域必须设置安全围栏和警示牌，防止行人通过
10	作业点前后方30m设置"电力施工,车辆缓行"警示牌

3.6 人员组织应符合表1-138的要求。

表1-138 人员组织的要求

人员分工	人数	工作内容
现场工作负责人	1人	负责交代工作任务、安全措施和技术措施，履行监护职责
一号电工	1人	带电断接低压旁路电缆及线路的连接
二号电工	1人	带电断接低压旁路电缆及线路的连接
专责监护人	1人	监护作业点
地面操作电工	1人	连接低压旁路开关
地面电工	2人	铺设低压旁路电缆，辅助传递工器具

4. 作业程序

4.1 现场复勘的内容应符合表1-139的要求。

表1-139 现场复勘的内容要求

序号	内 容	备注
1	确认线路设备满足带电作业条件	
2	核对工作票中工作任务与现场设备双重名称一致	
3	确认现场作业环境和天气满足带电作业条件	

4.2 作业内容及标准应符合表1-140的要求。

表1-140 作业内容及标准的要求

序号	作业内容	作业步骤及标准	安全措施注意事项	备注
1	开工	（1）工作负责人向设备运维管理单位履行许可手续；（2）工作负责人召开班前会，进行"三交三查"；（3）工作负责人发布开工令	（1）工作负责人要向全体工作班成员告知工作任务和保留带电部位，交待危险点及安全注意事项；（2）工作班成员已知晓后，在工作票上签字确认	
2	验电	斗内电工使用验电器确认作业现场无漏电现象	在带电导线上检验验电器是否完好；（1）验电时作业人员应与带电导体保持安全距离，验电顺序应由近及远，验电时应戴绝缘手套。（2）检验作业现场接地构件有无漏电现象，确认无漏电现象，验电结果汇报工作负责人	

序号	作业内容	作业步骤及标准	安全措施注意事项	备注
3	检查确认线路负荷电流	使用钳形电流表测量	确认负荷电流小于旁路系统额定电流400A	
4	测温	用红外测温仪测量变压器低压桩头温度	确认变压器低压桩头温度满足作业条件	
5	设置围栏及警示牌	在工作地点四周设置围栏	（1）警示标志齐全，不少于2块："在此工作"、"从此进出"； （2）禁止作业人员擅自移动或拆除围栏、标示牌	
6	安装低压旁路开关及辅设低压旁路电缆	安装低压旁路开关，展放低压旁路电缆	在适当位置安装低压旁路开关，并可靠接地，低压旁路开关设定名称为PL01开关；将低压旁路电缆放置在防潮帆布上，端头朝上	
7	绝缘检测及放电	对低压旁路电缆进行绝缘电阻检测	获得工作负责人许可后，低压旁路电缆使用前应进行外观检查，组装完成后检测绝缘电阻，合格后逐相充分放电，方可投入使用；低压旁路电缆端头进行绝缘包裹	
8	检查确认低压旁路开关PL01断开状态	使用万用表测量确认低压旁路开关PL01断开状态	使用万用表测量确认低压旁路开关PL01处于断开状态，确认断开后悬挂"禁止合闸，有人工作"指示牌	
9	低压旁路电缆接入低压旁路开关PL01	地面电工将低压旁路电缆按相色及进出线接入低压旁路开关	获得工作负责人的许可后，确认旁路开关在开位，地面电工将低压旁路电缆按照进出线及相色标志接入低压旁路开关，确保接入牢固可靠	
10	安装变压器绝缘遮蔽措施	斗内电工相互配合对变压器高压桩头、变压器外壳、变压器低压桩头做绝缘遮蔽	获得工作负责人许可后，作业人员按照"由近到远"的原则对作业范围内的带电体、接地体进行绝缘遮蔽	
11	安装变压器侧绝缘横担、组合式绝缘支撑杆	斗内电工相互配合在合适位置安装绝缘横担，组合式绝缘支撑杆	获得工作负责人许可后，斗内电工相互配合在合适位置安装绝缘横担，组合式绝缘支撑杆。安装应牢固可靠	
12	安装变压器低压线路处绝缘遮蔽措施	斗内电工相互配合对低压线路处进行绝缘遮蔽	获得工作负责人许可后，作业人员按照"由近到远"的原则对作业范围内的带电体、接地体进行绝缘遮蔽	
13	安装低压旁路电缆	吊装低压旁路电缆	斗内电工和地面电工配合将低压旁路电缆安装至绝缘横担上，同时预留合适的安装长度	
14	低压旁路电缆带电接入变压器低压桩头	斗内电工相互配合依次将低压旁路电缆按相色带电接入变压器低压桩头处	获得工作负责人的许可后，斗内电工依次安装低压套管引流装置，同时将低压旁路电缆按相色带电接入低压套管引流装置	
15	低压旁路电缆带电接入低压线路	斗内电工相互配合在合适位置将低压旁路电缆按相色带电接入低压线路	获得工作负责人的许可后，将低压旁路电缆按相色标志带电接入低压线路	
16	低压旁路开关PL01核相	地面电工在低压旁路开关PL01处核相	获得工作负责人许可后，作业人员穿戴相应防护等级的防电弧服检测低压旁路开关两侧相序，确认一致	
17	合上低压旁路开关PL01	核相正确后地面操作电工合上低压旁路开关PL01	获得工作负责人的许可后，作业人员合上低压旁路开关，并确认	
18	检测电流	斗内电工在低压桩头处使用钳形电流表测量原线路及低压旁路电缆通流情况	获得工作负责人的许可后，作业人员用钳形电流表检测原线路及低压旁路电缆通流情况，确认分流正常	
19	断开配电箱412开关	斗内电工断开配电箱412开关	获得工作负责人的许可后，斗内电工升至适当位置，使用专用工具断开配电箱412开关，并确认。断开后悬挂"禁止合闸，有人工作"指示牌	

序号	作业内容	作业步骤及标准	安全措施注意事项	备注
20	确认配电箱 412 开关断开状态	斗内电工检测电流确认配电箱 412 开关已拉开	获得工作负责人的许可后，斗内电工在低压桩头处使用钳形电流表测量原线路及低压旁路电缆通流情况并汇报给工作负责人记录。确认配电箱 412 开关已拉开	
21	拆除配电箱与变压器低压桩头的电缆连接	斗内电工做好绝缘遮蔽措施将变配电箱与变压器低压桩头的电缆连接拆除	获得工作负责人的许可后，斗内电工依次拆除配电箱与变压器低压桩头的电缆引线，设置绝缘遮蔽措施，并可靠固定	
22	拆除配电箱与低压线路的电缆连接	斗内电工做好绝缘遮蔽措施将配电箱与低压线路的电缆连接拆除	获得工作负责人的许可后，斗内电工依次拆除配电箱与低压线路的电缆引线，设置绝缘遮蔽措施，并可靠固定	
23	停电更换低压配电箱及加装智能终端 TTU	更换变配电箱及加装智能终端 TTU	检修作业人员按照作业要求执行更换配电箱及加装智能终端 TTU 作业	
24	确认新换配电箱 412 开关断开	检查确认配电箱 412 开关断开状态	斗内电工使用万用表检查确认新换配电箱 412 开关断开状态，确认断开后悬挂"禁止合闸，有人工作"指示牌	
25	连接安装变配电箱与变压器低压桩头电缆引线	斗内电工做好绝缘遮蔽措施将配电箱与变压器低压桩头连接	获得工作负责人的许可后，斗内电工依次按照相色标志安装配电箱与变压器低压桩头电缆引线	
26	连接安装配电箱与低压线路导线电缆引线	斗内电工做好绝缘遮蔽措施将配电箱与低压线路的导线连接	获得工作负责人的许可后，斗内电工依次按照相色标志安装配电箱与低压线路电缆引线	
27	配电箱 412 开关两侧核相	斗内电工在配电箱 412 开关两侧核相	获得工作负责人许可后，作业人员检测配电箱 412 开关两侧相序，确认一致	
28	合上配电箱 412 开关	斗内电工合上配电箱 412 开关	获得工作负责人的许可后，斗内电工升至适当位置，合上配电箱 412 开关	
29	检测电流	斗内电工在低压桩头处使用钳形电流表测量新换配电箱 412 开关线路及低压旁路电缆通流情况	获得工作负责人的许可后，作业人员用钳形电流表检测配电箱 412 开关线路及低压旁路电缆通流情况，确认分流正常	
30	断开低压旁路开关 PL01	地面电工断开低压旁路开关 PL01	获得工作负责人的许可后，作业人员断开低压旁路开关，并确认	
31	确认低压旁路开关 PL01 断开状态	斗内电工检测电流确认低压旁路开关 PL01 断开状态	获得工作负责人的许可后，斗内电工在低压桩头处使用钳形电流表测量新换配电箱 412 开关线路及低压旁路电缆通流情况，并汇报给工作负责人记录。确认低压旁路开关 PL01 断开状态	
32	带电拆除低压旁路电缆与变压器低压桩头的连接电缆引线	斗内电工相互配合依次将低压旁路电缆与变压器低压桩头处低压套管引流装置连接拆除，同时拆除低压套管引流装置	获得工作负责人许可后，按照与安装相反的顺序拆除低压旁路电缆与变压器低压桩头的电缆引线	
33	带电拆除低压旁路电缆与低压线路导线的连接电缆引线	斗内电工相互配合依次将低压旁路电缆与低压线路导线的连接拆除	获得工作负责人许可后，按照与安装相反的顺序拆除低压旁路电缆与低压线路电缆引线	

序号	作业内容	作业步骤及标准	安全措施注意事项	备注
34	拆除低压旁路电缆、绝缘横担、遮蔽措施	斗内电工和地面电工相互配合将低压线路处低压旁路电缆吊下	对拆除的低压旁路电缆逐相充分放电	
35	拆除低压线路处的绝缘遮蔽措施及绝缘横担	斗内电工相互配合拆除低压线路处的绝缘遮蔽措施及绝缘横担	获得工作负责人许可后，作业人员按照"由远到近"的原则拆除作业范围内的绝缘遮蔽	
36	将变压器侧低压旁路电缆吊下	斗内电工和地面电工相互配合将变压器侧低压旁路电缆吊下	对拆除的低压旁路电缆逐相充分放电	
37	拆除变压器侧低压桩头的绝缘遮蔽措施	斗内电工相互配合拆除变压器侧的绝缘遮蔽措施	获得工作负责人许可后，作业人员按照"由远到近"的原则拆除作业范围内的绝缘遮蔽	
38	拆除绝缘横担及绝缘支撑杆	斗内电工相互配合拆除绝缘横担及绝缘支撑杆	斗内电工相互配合拆除绝缘横担及绝缘支撑杆	
39	拆除变压器高压桩头遮蔽罩及变压器外壳遮蔽措施	斗内电工相互配合拆除变压器高压桩头遮蔽罩及变压器外壳遮蔽措施	获得工作负责人许可后，作业人员按照"由远到近"的原则拆除作业范围内的绝缘遮蔽	
40	返回地面	确认作业点无遗留物后，斗内电工向工作负责人报告工作完毕，经工作负责人许可后，返回地面	确认作业点无遗留物后，斗内电工向工作负责人报告工作完毕，经工作负责人许可后，返回地面	

4.3　竣工内容应符合表 1－141 的要求。

表 1－141　　　　　　　　竣 工 内 容 的 要 求

序号	内　容
1	清理现场及工具，认真检查作业点有无遗留物，工作负责人全面检查工作完成情况，无误后清扫地面撤离现场
2	向设备运维管理单位汇报工作终结
3	各类工器具对号入库，办理工作票终结手续

5. 验收总结

验收总结应符合表 1－142 的要求。

表 1－142　　　　　　　　验 收 总 结 的 要 求

序号	验收总结	
1	验收评价	
2	存在问题及处理意见	

6. 指导书执行情况评估

指导书执行情况评估应符合表 1-143 的要求。

表 1-143　　　　　　　　指导书执行情况评估的要求

评估内容	符合性	优		可操作项	
		良		不可操作项	
	可操作性	优		修改项	
		良		遗漏项	
存在问题					
改进意见					

第二章

电缆线路作业方法

带电断低压空载
电缆引线

第一节 带电断低压空载电缆引线

1. 适用范围

本作业方法针对"0.4kV 绝缘手套作业法绝缘斗（臂）车带电断低压空载电缆"工作编写而成，仅适用于该项工作。

2. 引用文件

Q/GDW 10520《10kV 配网不停电作业规范》

GB/T 18857《配电线路带电作业技术导则》

国家电网安质〔2014〕265 号《国家电网公司电力安全工作规程（配电线路）（试行）》

《国家电网公司 现场标准化作业指导书编制导则（试行）》

《关于印发国家电网公司深入开展现场标准化作业工作指导意见的通知》

3. 作业前准备

3.1 现场勘查应符合表 2−1 的基本要求。

表 2−1　　　　　　　　　　现场勘查的基本要求

序号	内容	标　准	备注
1	现场勘查	（1）工作票签发人或工作负责人应事先进行现场勘查，根据勘查结果做出能否进行不停电作业的判断，并确定作业方法及应采取的安全技术措施。 （2）作业点周围是否有停放作业车辆等绝缘升降平台的空间。 （3）作业点周围是否停有车辆或频繁有行人经过，是否存在掉落伤人可能；作业点周围是否存在绝缘老化、绑扎线松动、构件锈蚀严重等作业过程中可能引发短路意外的情况。 （4）以及存在的其他作业危险点等	
2	了解现场气象条件	了解现场气象条件，判断是否符合《国家电网公司电力安全工作规程（配电部分）（试行）》对带电作业要求。 （1）天气应晴好，无雷、无雨、无雪、无雾； （2）风力不大于 5 级； （3）相对湿度不大于 80%	
3	组织现场作业人员学习作业指导书	掌握整个操作程序，理解工作任务及操作中的危险点及控制措施	
4	办理工作票	办理低压工作票	

3.2 现场作业人员应符合表 2−2 的基本要求。

表 2-2 　　　　　　　　　　　　　　现场作业人员的基本要求

序号	内　容	备注
1	作业人员应身体健康，无妨碍作业的生理和心理障碍	
2	作业人员经培训合格，取得相应作业资质	
3	作业人员必须掌握《国家电网公司电力安全工作规程（配电部分）（试行）》相关知识，并经年度考试合格	
4	高空作业人员必须具备从事高空作业的身体素质	
5	作业人员应掌握紧急救护法，特别要掌握触电急救方法	

3.3　工器具配备应符合表 2-3 的要求。

表 2-3 　　　　　　　　　　　　　**工 器 具 配 备 的 要 求**

序号	名　称		规格、型号	单位	数量	备注
1	主要作业车辆	低压带电作业车		辆	1	
2	个人防护用具	绝缘手套	0.4kV	副	1	带防护手套
3		安全帽		顶	3	
4		护目镜		副	1	
5		双控背带式安全带		副	1	
6		绝缘鞋		双	3	
7		防电弧服	8cal/cm²	副	1	
8		防电弧手套	8cal/cm²	副	1	
9	绝缘遮蔽（隔离）用具	绝缘布（毯）/绝缘挡板		块	若干	根据现场设备情况选择（绝缘毯、绝缘罩）
10		低压电缆引线绝缘遮蔽工具	0.4kV	个	4	
11	绝缘工器具	放电棒		根	1	
12	其他主要工器具	电动扳手		把	1	
13		验电器	0.4kV	支	1	
14		个人手工工具		套	1	
15		钳形电流表		支	1	
16		围栏		个	若干	根据现场实际情况确定
17		标志牌		块	2	
18	所需材料	绝缘胶带		卷	4	

3.4　危险点分析应符合表 2-4 的要求。

表 2-4   危 险 点 分 析 的 要 求

序号	危险点分析
1	工作负责人、专责监护人违章兼做其他工作或监护不到位，使作业人员失去监护
2	禁止带负荷断电缆引线
3	未设置防护措施及安全围栏、警示牌，发生行人车辆进入作业现场，造成危害发生
4	绝缘斗（臂）车位置停放不佳，附近存在电力线和障碍物，坡度过大，造成车辆倾覆人员伤亡事故
5	作业人员未对绝缘斗（臂）车支腿情况进行检查，误支放在沟道盖板上、未使用垫块或枕木、支撑不到位，造成车辆倾覆人员伤亡事故
6	绝缘斗（臂）车操作人员未将绝缘斗（臂）车可靠接地
7	遮蔽作业时动作幅度过大，接触带电体形成回路，造成人身伤害
8	遮蔽不完整，留有漏洞、带电体暴露，作业时接触带电体形成回路，造成人身伤害
9	直接触及未放电的已断开的电缆引线端头金属裸露部分线头造成人员触电
10	断空载电缆引线时，未按正确顺序断开电缆引线
11	已断开的电缆引线未可靠固定，摆动伤人
12	未能正确使用个人防护用品、登杆工具，造成高处坠落人员伤害
13	地面人员在作业区正下方逗留，造成高处落物伤害

3.5　安全注意事项应符合表 2-5 的要求。

表 2-5   安 全 注 意 事 项 的 要 求

序号	内　容
1	作业现场应有专人负责指挥施工，做好现场的组织、协调工作。作业人员应听从工作负责人指挥。专责监护人应履行监护职责，不得兼做其他工作，要选择便于监护的位置，监护的范围不得超过一个作业点
2	作业前，工作负责人应组织工作人员进行现场勘查，确认待断电缆引线确实处于空载状态，后端线路开关及刀闸处于拉开位置，并测流确认
3	作业现场及工具摆放位置周围应设置安全围栏、警示标志，防止行人及其他车辆进入作业现场，必要时应派专人守护
4	绝缘斗（臂）车应停放到最佳位置： （1）停放的位置应便于绝缘斗（臂）车绝缘斗到达作业位置，避开附近电力线和障碍物； （2）停放位置坡度不大于 7°； （3）绝缘斗（臂）车应顺线路停放
5	作业人员应对绝缘斗（臂）车支腿情况进行检查，向工作负责人汇报检查结果。检查标准为： （1）不应支放在沟道盖板上。 （2）软土地面应使用垫块或枕木，垫板重叠不超过 2 块。 （3）支撑应到位。车辆前后、左右呈水平，整车支腿受力，车轮离地
6	绝缘斗（臂）车操作人员将绝缘斗（臂）车可靠接地
7	低压电气带电作业应戴绝缘手套（含防穿刺手套）、防护面罩、穿防电弧服，并保持对地绝缘；遮蔽作业时动作幅度不得过大，防止造成相间、相对地放电；若存在相间短接风险应加装绝缘遮蔽（隔离）措施
8	遮蔽应完整，遮蔽重合长度不小于 5cm，避免留有漏洞、带电体暴露，作业时接触带电体形成回路，造成人身伤害
9	断开电缆引线后，作业人员应及时对裸露的金属端头进行绝缘遮蔽，防止人员触电；电缆引线全部断开后，应对低压电缆进行逐相放电，放电后，方可拆除电缆端头的绝缘遮蔽

续表

序号	内 容
10	断开空载电缆引线时，应按照"先相线、后零线"的顺序依次断开电缆引线
11	电缆引线断开后，作业人员应首先控制引线并将引线固定，防止随意摆动
12	正确使用个人防护用品、登杆工具，对脚扣、安全带进行冲击试验，避免意外断裂造成高处坠落人员伤害
13	地面人员不得在作业区下方逗留，避免造成高处落物伤害

3.6 人员组织应符合表 2-6 的要求。

表 2-6 人员组织的要求

人员分工	人数	工作内容
工作负责人（监护人）	1 人	全面负责现场作业
斗内电工	1 人	负责本项目的具体操作
地面电工	1 人	负责地面配合工作

4. 作业程序

4.1 现场复勘的内容应符合表 2-7 的要求。

表 2-7 现场复勘的内容要求

序号	内 容	备注
1	确认线路设备及周围环境满足作业条件，未产生影响安全作业的变化因素	
2	确认现场气象条件满足作业要求	
3	工作负责人指挥工作人员检查气象条件： （1）天气应晴好，无雷、无雨、无雪、无雾； （2）风力不大于 5 级； （3）相对湿度不大于 80%	
4	工作负责人指挥工作人员检查工作票所列安全措施，在工作票上补充安全措施	

4.2 作业内容及标准应符合表 2-8 的要求。

表 2-8 作业内容及标准的要求

序号	作业步骤	作业内容	标 准	备注
1	开工准备	布置工作现场	工作负责人组织班组成员设置工作现场的安全围栏、安全警示标志： （1）安全围栏的范围应考虑作业中高空坠落和高空落物的影响以及道路交通，必要时联系交通部门； （2）围栏的出入口应设置合理； （3）警示标志应包括"从此进出"、"施工现场"等，道路两侧应有"车辆慢行"或"车辆绕行"标示或路障 班组成员按要求将绝缘工器具放在防潮苫布上： （1）防潮苫布应清洁、干燥； （2）工器具应按定置管理要求分类摆放； （3）绝缘工器具不能与金属工具、材料混放	

序号	作业步骤	作业内容	标　准	备注
1	开工准备	执行工作许可制度	工作负责人按工作票内容与调度联系（联系应用普通话），获得调度工作许可，确认线路重合闸装置已退出	
			工作负责人在工作票上签字，并记录许可时间	
		召开现场站班会	工作负责人宣读工作票	
			工作负责人检查工作班组成员精神状态，交代工作任务进行分工，交代工作中的安全措施和技术措施	
			工作负责人检查班组各成员对工作任务分工、安全措施和技术措施是否明确	
			班组各成员在工作票和作业指导书（卡）上签名确认	
		检查绝缘工器具及材料	班组成员使用干燥毛巾逐件对绝缘工器具进行擦拭并进行外观检查： （1）检查人员应戴清洁、干燥的手套； （2）绝缘工具表面不应磨损、变形损坏，操作应灵活； （3）个人安全防护用具和遮蔽、隔离用具应无针孔、砂眼、裂纹	
			检查双重保护安全带：将安全带系在固件上做冲击实验，无松脱、断裂等现象	
			绝缘工器具、安全带检查完毕，向工作负责人汇报检查结果	
		低压带电作业车空斗试验	班组成员使用干燥毛巾逐件对绝缘平台进行擦拭并进行外观检查	
			班组成员检查绝缘平台的升降、旋转是否良好，制动是否可靠	
			绝缘升降平台检查完毕，向工作负责人汇报检查结果	
2	操作步骤	作业人员到达作业位置	斗内电工经工作负责人许可后，进入带电作业区域： （1）绝缘斗移动应平稳匀速，在进入带电作业区域时应无大幅晃动，绝缘斗上升、下降、平移的最大线速度不应超过 0.5m/s； （2）再次确认线路状态，满足作业条件	
		验电	斗内电工使用验电器确认作业现场无漏电现象： （1）在带电导线上检验验电器是否完好。 （2）验电时作业人员应与带电导体保持安全距离。验电顺序按照导线（引线）——绝缘子——横担的顺序。验电时应戴绝缘手套。 （3）检验作业现场接地构件、绝缘子有无漏电现象。确认无漏电现象，验电结果汇报工作负责人	
		检测电流	斗内电工使用钳形电流表在引线处确认电缆确已空载	
		设置绝缘遮蔽措施	获得工作负责人许可后，斗内电工按照"由近及远""由下后上"的原则对不能够满足安全距离的带电体和接地体进行绝缘隔离： （1）斗内电工在对导线设置绝缘遮蔽隔离措施时，动作应轻缓，与接地构件间应有足够的安全距离，与邻相导线之间应有足够的安全距离； （2）作业过程严禁线路发生接地或短路	
		断电缆线路引线	（1）获得工作负责人许可后，斗内电工打开内侧边相空载电缆与主导线连接处绝缘遮蔽； （2）使用电动扳手拆除内侧边相引线与主线路连接； （3）使用低压电缆引线绝缘遮蔽工具对拆除的空载电缆引线进行绝缘遮蔽并妥善固定； （4）对带电侧导线线夹处裸露的金属部分缠绕绝缘包布，最后恢复该处绝缘遮蔽； （5）按照此方法，依次拆除远边相外侧和远边相内侧引线连接，最后拆除零线引线	

序号	作业步骤	作业内容	标　　准	备注
2	操作步骤	拆除主导线绝缘遮蔽措施	（1）获得工作负责人的许可后，斗内电工到达合适位置，按照"从远到近、从上到下、先接地体后带电体"的原则拆除导线绝缘遮蔽措施； （2）拆除绝缘遮蔽的动作应轻缓，与接地构件间应有足够的安全距离，与邻相导线之间应有足够的安全距离	
		电缆引线放电	在工作负责人（监护人）的监护下，使用放电杆逐相对低压电缆进行放电；放电杆接地极应连接可靠，若选用临时接地极，地线钎深度应不小于600mm	
		拆除电缆引线遮蔽工具	（1）获得工作负责人的许可后，斗内电工到达合适位置，按照"从远到近、从上到下"的原则拆除导线绝缘遮蔽； （2）拆除绝缘遮蔽的动作应轻缓，与接地构件间应有足够的安全距离，与邻相导线之间应有足够的安全距离	
		离开作业区域，作业结束	（1）遮蔽装置全部拆除后，斗内作业电工清理工作现场，杆上无遗留物，向工作负责人汇报施工质量； （2）工作负责人应进行全面检查，装置无缺陷，符合运行条件，确认工作完成无误后，向工作许可人汇报； （3）工作许可人验收工作无误后，联系调度恢复本回路重合闸，工作全部结束，人员全部撤离现场	

4.3　竣工内容应符合表2-9的要求。

表2-9　　　　　　　　　　　竣 工 内 容 的 要 求

序号	内　　容
1	召开收工会：工作负责人组织召开现场收工会，做工作总结和点评工作： （1）正确点评本项工作的施工质量； （2）点评班组成员在作业中的安全措施的落实情况； （3）点评班组成员对规程的执行情况
2	办理工作终结手续：工作负责人向设备运维管理单位（工作许可人）汇报工作结束，停用重合闸的需申请恢复线路重合闸装置，终结工作票
3	清理工具及现场： 工作负责人全面检查工作完成情况，清点整理工具、材料，将工器具清洁后放入专用的箱（袋）中，组织班组成员认真检查现场无遗留物，无误后撤离现场，做到"工完料尽场地清"
4	作业人员撤离现场

5. 验收总结

验收总结应符合表2-10的要求。

表2-10　　　　　　　　　　　验 收 总 结 的 要 求

序号	验 收 总 结	
1	验收评价	
2	存在问题及处理意见	

6. 指导书执行情况评估

指导书执行情况评估应符合表 2－11 的要求。

表 2－11 指导书执行情况评估的要求

评估内容	符合性	优		可操作项	
		良		不可操作项	
	可操作性	优		修改项	
		良		遗漏项	
存在问题					
改进意见					

第二节　带电接低压空载电缆引线

带电接低压空载电缆引线

1. 适用范围

本作业方法针对"0.4kV 绝缘手套作业法低压带电作业车带电接低压空载电缆引线"工作编写而成，仅适用于该项工作。

2. 引用文件

Q/GDW 10520《10kV 配网不停电作业规范》

GB/T 18857《配电线路带电作业技术导则》

国家电网安质〔2014〕265 号《国家电网公司电力安全工作规程（配电线路）（试行）》

《国家电网公司　现场标准化作业指导书编制导则（试行）》

《关于印发国家电网公司深入开展现场标准化作业工作指导意见的通知》

3. 作业前准备

3.1　现场勘查应符合表 2－12 的基本要求。

表 2－12 现场勘查的基本要求

序号	内容	标　准	备注
1	现场勘查	（1）现场工作负责人应提前组织有关人员进行现场勘查，根据勘查结果做出能否进行带电作业的判断，并确定作业方法及应采取的安全技术措施。 （2）现场勘查包括下列内容：作业现场条件是否满足施工要求，能否使用低压带电作业车，以及存在的作业危险点等。 （3）工作线路双重名称、杆号；杆身完好无裂纹、埋深符合要求、基础牢固、周围无影响作业的障碍物。 （4）线路装置是否具备带电作业条件。本项作业应检查确认的内容有： 1）缺陷严重程度； 2）是否具备带电作业条件； 3）作业范围内地面土壤坚实、平整，符合低压带电作业车安置条件	

序号	内容	标　准	备注
2	了解现场气象条件	了解现场气象条件，判断是否符合《国家电网公司电力安全工作规程（配电部分）（试行）》对带电作业要求。 （1）天气应晴好，无雷、无雨、无雪、无雾； （2）风力不大于 5 级； （3）相对湿度不大于 80%	
3	组织现场作业人员学习作业指导书	掌握整个操作程序，理解工作任务及操作中的危险点及控制措施	
4	工作票	低压工作票	

3.2 现场作业人员应符合表 2－13 的基本要求。

表 2－13　　　　　　　　　现场作业人员的基本要求

序号	内　容	备注
1	作业人员应身体健康，无妨碍作业的生理和心理障碍	
2	作业人员经培训合格，取得相应作业资质	
3	作业人员必须掌握《国家电网公司电力安全工作规程（配电部分）（试行）》相关知识，并经年度考试合格	
4	高空作业人员必须具备从事高空作业的身体素质	
5	作业人员应掌握紧急救护法，特别要掌握触电急救方法	

3.3 工器具配备应符合表 2－14 的要求。

表 2－14　　　　　　　　　工 器 具 配 备 的 要 求

序号	工器具名称		规格、型号	单位	数量	备注
1	特种车辆	低压带电作业车		辆	1	
2	个人防护用具	绝缘手套	0.4kV	副	1	带防护手套
3		安全帽		顶	3	
4		护目镜		副	1	
5		双控背带式安全带		副	1	
6		绝缘鞋		双	3	
7		防电弧服	8cal/cm²	套	1	
8		防电弧手套	8cal/cm²	双	1	
9	绝缘遮蔽（隔离）用具	绝缘布（毯）/绝缘挡板		块	若干	根据现场设备情况选择（绝缘毯、绝缘罩）
10		低压电缆引线绝缘遮蔽工具	0.4kV	个	4	
11	其他主要工器具	电动扳手		把	1	
12		验电器	0.4kV	支	1	
13		个人手工工具		套	1	

序号	工器具名称		规格、型号	单位	数量	备注
14	围栏			个	若干	根据现场实际情况确定
15	标志牌			块	2	
16	所需材料	绝缘胶带		卷	4	
17		螺丝螺母		套	4	

3.4 危险点分析应符合表 2−15 的要求。

表 2−15　　　　　　　　　　危 险 点 分 析 的 要 求

序号	内　　容
1	工作负责人、专责监护人违章兼做其他工作或监护不到位，使作业人员失去监护
2	未设置防护措施及安全围栏、警示牌，发生行人车辆进入作业现场，造成危害发生
3	低压带电作业车位置停放不佳，附近存在电力线和障碍物，坡度过大，造成车辆倾覆人员伤亡事故
4	作业人员未对低压带电作业车支腿情况进行检查，误支放在沟道盖板上、未使用垫块或枕木、支撑不到位，造成车辆倾覆人员伤亡事故
5	低压带电作业车操作人员未将低压带电作业车可靠接地
6	遮蔽作业时动作幅度过大，接触带电体形成回路，造成人身伤害
7	遮蔽不完整，留有漏洞、带电体暴露，作业时接触带电体形成回路，造成人身伤害
8	未能正确使用个人防护用品、登杆工具，造成高处坠落人员伤害
9	禁止带负荷接电缆引线
10	接空载电缆引线时，未按正确顺序连接电缆引线
11	地面人员在作业区下方逗留，造成高处落物伤害

3.5 安全注意事项应符合表 2−16 的要求。

表 2−16　　　　　　　　　　安 全 注 意 事 项 的 要 求

序号	内　　容
1	作业现场应有专人负责指挥施工，做好现场的组织、协调工作。作业人员应听从工作负责人指挥。专责监护人应履行监护职责，不得兼做其他工作，要选择便于监护的位置，监护的范围不得超过一个作业点
2	作业前，工作负责人应组织工作人员进行现场勘查，确认待接电缆引线确实处于空载状态，后端线路开关及刀闸处于拉开位置
3	作业现场及工具摆放位置周围应设置安全围栏、警示标志，防止行人及其他车辆进入作业现场，必要时应派专人守护
4	低压带电作业车应停放到最佳位置： （1）停放的位置应便于低压带电作业车绝缘斗到达作业位置，避开附近电力线和障碍物； （2）停放位置坡度不大于 7°； （3）低压带电作业车应顺线路停放
5	作业人员应对低压带电作业车支腿情况进行检查，向工作负责人汇报检查结果。检查标准为： （1）不应支放在沟道盖板上； （2）软土地面应使用垫块或枕木，垫板重叠不超过 2 块； （3）支撑应到位。车辆前后、左右呈水平，整车支腿受力，车轮离地

序号	内 容
6	低压带电作业车操作人员未将低压带电作业车可靠接地
7	低压电气带电作业应戴绝缘手套（含防穿刺手套）、护目镜、穿防电弧服，并保持对地绝缘；遮蔽作业时动作幅度不得过大，防止造成相间、相对地放电；若存在相间短路风险应加装绝缘遮蔽（隔离）措施
8	遮蔽应完整，遮蔽重合长度不小于 5cm，避免留有漏洞、带电体暴露，作业时接触带电体形成回路，造成人身伤害
9	接开空载电缆引线时，应按照"先零线、后相线"的顺序依次连接
10	正确使用个人防护用品，对安全带进行冲击试验，避免意外断裂造成高处坠落人员伤害
11	地面人员不得在作业区正下方逗留，避免造成高处落物伤害

3.6 人员组织应符合表 2-17 的要求。

表 2-17   人 员 组 织 的 要 求

人员分工	人数	工作内容
工作负责人（监护人）	1 人	全面负责现场作业
斗内电工	1 人	负责本项目的具体操作
地面电工	1 人	负责地面配合工作

4. 作业程序

4.1 现场复勘的内容应符合表 2-18 的要求。

表 2-18   现场复勘的内容要求

序号	内 容	备注
1	确认线路设备及周围环境满足作业条件，未产生影响安全作业的变化因素	
2	确认现场气象条件满足作业要求	
3	工作负责人指挥工作人员检查气象条件： （1）天气应晴好，无雷、无雨、无雪、无雾； （2）风力不大于 5 级； （3）相对湿度不大于 80%	
4	工作负责人指挥工作人员检查工作票所列安全措施，在工作票上补充安全措施	

4.2 作业内容及标准应符合表 2-19 的要求。

表 2-19   作业内容及标准的要求

序号	作业步骤	作业内容	标 准	备注
1	开工准备	布置工作现场	工作负责人组织班组成员设置工作现场的安全围栏、安全警示标志： （1）安全围栏的范围应考虑作业中高空坠落和高空落物的影响以及道路交通，必要时联系交通部门； （2）围栏的出入口应设置合理； （3）警示标示应包括"从此进出"、"施工现场"等，道路两侧应有"车辆慢行"或"车辆绕行"标示或路障	

续表

序号	作业步骤	作业内容	标　　准	备注
1	开工准备	布置工作现场	班组成员按要求将绝缘工器具放在防潮苫布上： （1）防潮苫布应清洁、干燥； （2）工器具应按定置管理要求分类摆放； （3）绝缘工器具不能与金属工具、材料混放	
		执行工作许可制度	工作负责人按工作票内容与调度联系（联系应用普通话），获得调度工作许可，确认线路重合闸装置已退出	
			工作负责人在工作票上签字，并记录许可时间	
		召开现场站班会	工作负责人宣读工作票	
			工作负责人检查工作班组成员精神状态，交代工作任务进行分工，交代工作中的安全措施和技术措施	
			工作负责人检查班组各成员对工作任务分工、安全措施和技术措施是否明确	
			班组各成员在工作票和作业指导书（卡）上签名确认	
		检查绝缘工器具及材料	班组成员使用干燥毛巾逐件对绝缘工器具进行擦拭并进行外观检查： （1）检查人员应戴清洁、干燥的手套； （2）绝缘工具表面不应磨损、变形损坏，操作应灵活； （3）个人安全防护用具和遮蔽、隔离用具应无针孔、砂眼、裂纹	
			检查双重保护安全带：将安全带系在固件上做冲击实验，无松脱、断裂等现象	
			绝缘工器具、安全带检查完毕，向工作负责人汇报检查结果	
		低压带电作业车空斗试验	班组成员使用干燥毛巾逐件对绝缘平台进行擦拭并进行外观检查	
			班组成员检查绝缘平台的升降、旋转是否良好，制动是否可靠	
			绝缘升降平台检查完毕，向工作负责人汇报检查结果	
2	操作步骤	作业人员到达作业位置	斗内电工经工作负责人许可后，进入带电作业区域： （1）绝缘斗移动应平稳匀速，在进入带电作业区域时应无大幅晃动，绝缘斗上升、下降、平移的最大线速度不应超过 0.5m/s； （2）再次确认线路状态，满足作业条件	
		验电	斗内电工使用验电器确认作业现场无漏电现象： （1）在带电导线上检验验电器是否完好。 （2）验电时作业人员应与带电导体保持安全距离。验电顺序按照导线——绝缘子——横担的顺序。验电时应戴绝缘手套。 （3）检验作业现场接地构件、绝缘子有无漏电现象。确认无漏电现象，验电结果汇报工作负责人	
		设置绝缘遮蔽措施	获得工作负责人许可后，斗内电工按照"由近及远"、"由下后上"的原则对不能够满足安全距离的带电体和接地体进行绝缘隔离： （1）斗内电工在对导线设置绝缘遮蔽隔离措施时，动作应轻缓，与接地构件间应有足够的安全距离，与邻相导线之间应有足够的安全距离； （2）应对四相待接电缆引线进行绝缘遮蔽； （3）作业过程严禁线路发生接地或短路	
		清除氧化层	用金属刷清除干净接触点氧化层	

续表

序号	作业步骤	作业内容	标　　准	备注
2	操作步骤	接电缆线路引线	（1）获得工作负责人许可后，斗内电工打开空载电缆零线引线和主导线零线的绝缘遮蔽； （2）使用螺丝螺母将电缆引线和主导线连接，并用电动扳手紧固； （3）使用绝缘胶布对连接处进行绝缘遮蔽； （4）对零线主导线和电缆引线进行绝缘遮蔽； （5）按照此方法，按照"由内向外、由远及近"的顺序将其余三相电缆引线与主导线连接	
		拆除绝缘遮蔽措施	（1）获得工作负责人的许可后，斗内电工到达合适位置，按照"从远到近、从上到下"的原则拆除导线绝缘遮蔽措施； （2）拆除绝缘遮蔽的动作应轻缓，与接地构件间应有足够的安全距离，与邻相导线之间应有足够的安全距离	
		离开作业区域，作业结束	（1）遮蔽装置全部拆除后，斗内电工清理工作现场，杆上无遗留物，向工作负责人汇报施工质量； （2）工作负责人应进行全面检查，装置无缺陷，符合运行条件，确认工作完成无误后，向工作许可人汇报； （3）工作许可人验收工作无误后，联系调度恢复本回路重合闸，工作全部结束，人员全部撤离现场	

4.3 竣工内容应符合表2－20的要求。

表 2－20　　　　　　　　　　　竣 工 内 容 的 要 求

序号	内容
1	清理工具及现场： 工作负责人全面检查工作完成情况，清点整理工具、材料，将工器具清洁后放入专用的箱（袋）中，组织班组成员认真检查现场无遗留物，无误后撤离现场，做到"工完料尽场地清"
2	办理工作终结手续： 工作负责人向调度（工作许可人）汇报工作结束，申请恢复线路重合闸，终结工作票
3	工作负责人组织召开现场收工会，做工作总结和点评工作： （1）正确点评本项工作的施工质量； （2）点评班组成员在作业中的安全措施的落实情况； （3）点评班组成员对规程的执行情况
4	作业人员撤离现场

5. 验 收 总 结

验收总结应符合表2－21的要求。

表 2－21　　　　　　　　　　　验 收 总 结 的 要 求

序号	验收总结	
1	验收评价	
2	存在问题及处理意见	

6. 指导书执行情况评估

指导书执行情况评估应符合表2－22的要求。

表 2－22   指导书执行情况评估的要求

评估内容	符合性	优		可操作项	
		良		不可操作项	
	可操作性	优		修改项	
		良		遗漏项	
存在问题					
改进意见					

第三章

配电柜（房）作业方法

第一节 低压配电柜（房）带电更换低压开关

低压配电柜（房）
带电更换低压开关

1. 适用范围

本作业方法适用于低压配电柜（房）带电更换低压断路器（低压配电柜总开关柜后有两路以上的分路）。

2. 引用文件

国家电网安监〔2014〕265 号《国家电网公司电力安全工作规程（配电部分）（试行）》

Q/GDW 1519—2014《配网运维规程》

Q/GDW 10520—2016《10kV 配网不停电作业规范》

GB/T 14286《带电作业工具设备术语》

GB/T 18857《配电线路带电作业技术导则》

3. 作业前准备

3.1 现场勘查应符合表 3-1 的基本要求。

表 3-1　　现场勘查的基本要求

序号	内容	标　准	备注
1	办理工作票，召开班前会	现场勘查，确定作业方法，办理工作票，召开班前会，编写和学习作业指导书（卡），交待工作任务和危险点，明确人员分工，确认并签名	
2	工器具、材料准备	检查工器具、材料齐全，试验合格，满足作业要求	

3.2 现场作业人员应符合表 3-2 的基本要求。

表 3-2　　现场作业人员的基本要求

序号	内　容	备注
1	作业人员必须掌握《国家电网公司电力安全工作规程（配电部分）（试行）》相关知识，并经年度考试合格；高空作业人员必须具备从事高空作业的身体素质；所有工作人员必须精神状态良好	
2	所有作业人员必须取得带电作业资格证并审验合格	

3.3 工器具配备应符合表 3-3 的要求。

表 3 - 3 工 器 具 配 备 的 要 求

序号	工器具名称		规格、型号	单位	数量	备注
1	绝缘防护用具	绝缘手套	1kV	副	2	
		绝缘鞋（靴）		双	3	
		安全帽		顶	1	
		个人电弧防护用品	27.0cal/cm²	套	2	室外作业防电弧能力不小于6.8cal/cm²；配电柜等封闭空间作业不小于27.0cal/cm²；应为工作负责人增配8cal/cm²防电弧服
2	绝缘遮蔽（隔离）用具	绝缘隔板	0.4kV	块	若干	
		绝缘护套	0.4kV	个	3	（进出线端子用）
3	绝缘工具	绝缘垫	10kV	块	1	
4	辅助工具	防潮垫或毡布		块	1	
		安全警示带（牌）		套	4	
5	低压绝缘工器具	个人手工绝缘工具	1kV	套	1	
6	仪器仪表	万用表		块	1	
		温湿度仪		块	1	
		验电器	0.4kV	支	1	
7	其他主要工器具	围栏			若干	根据现场实际情况确定
		安全警示牌			若干	根据现场实际情况确定
8	材料	低压断路器	RMM2 - 630	台	1	检测试验合格
		电气胶带		套	1	黄、绿、红

3.4 危险点分析应符合表 3-4 的要求。

表 3 - 4 危 险 点 分 析 的 要 求

序号	内 容
1	带电作业专责监护人违章兼做其他工作或监护不到位，使作业人员失去监护
2	绝缘工具使用前未进行外观检查，因设备损伤或有缺陷未及时发现造成人身、设备事故
3	带电作业人员穿戴防护用具不规范，造成触电、电弧伤害
4	作业人员未按规定进行绝缘遮蔽或遮蔽不严密，造成触电伤害
5	断、接低压端子引线时，引线脱落造成接地或相间短路事故
6	带负荷断、接低压端子引线，发生电弧伤害
7	低压断路器引线未做标记，导致接线错误
8	仪表与带电设备未保持安全距离造成工作人员触电伤害
9	低压断路器出线返送电

3.5 安全注意事项应符合表 3−5 的要求。

表 3−5 安全注意事项的要求

序号	内　　容
1	专责监护人应履行监护职责，不得兼做其他工作，要选择便于监护的位置，监护的范围不得超过一个作业点
2	作业现场及工具摆放位置周围应设置安全围栏、警示标志，防止行人及其他车辆进入作业现场
3	带电作业过程中，作业人员应始终穿戴齐全防护用具。保持人体与邻相带电体及接地体的安全距离
4	低压电气带电工作使用的工具手握部分应有绝缘柄，其外裸露的导电部位应采取绝缘包裹措施
5	作业中邻近不同电位导线或设备时，应采取绝缘隔离措施防止相间短路和单相接地
6	对不规则带电部件和接地部件采用绝缘毯进行绝缘隔离，并可靠固定
7	在带电作业过程中如设备突然停电，作业人员应视设备仍然带电。作业过程中绝缘工具金属部分应与接地体保持足够的安全距离
8	断、接低压端子引线时，进、出线都应视为带电，要保持带电体与人体、邻相及接地体的安全距离
9	低压断路器进出线应编号，连接前应进行核对
10	操作之前应核对低压断路器编号及状态
11	更换低压断路器后，合断路器前应对出线验电，确认无返送电

3.6 人员组织应符合表 3−6 的要求。

表 3−6 人员组织的要求

人员分工	人数	工作内容
工作负责人（兼监护人）	1 人	全面负责现场作业，履行监护人职责
带电作业人员	2 人	负责设置绝缘隔离措施、低压断路器的更换等工作

4. 作业程序

4.1 现场复勘的内容应符合表 3−7 的要求。

表 3−7 现场复勘的内容要求

序号	内容	备注
1	工作负责人指挥工作人员核对工作设备	
2	工作负责人指挥工作人员检查开关柜是否具备带电作业条件	
3	工作负责人指挥工作人员检查气象条件： (1) 天气应晴好，无雷、无雨、无雪、无雾； (2) 风力不大于 5 级； (3) 相对湿度不大于 80%	
4	工作负责人指挥工作人员检查工作票所列安全措施，在工作票上补充安全措施	

4.2 作业内容及标准应符合表3-8的要求。

表3-8   作业内容及标准的要求

序号	作业步骤	作业内容	标　　准	备注
1	开工	执行工作许可制度	（1）工作负责人按工作票内容与调度联系（联系应用普通话），获得调度工作许可。 （2）工作负责人在工作票上签字，并记录许可时间	
		召开现场会	（1）工作负责人宣读工作票。 （2）工作负责人检查工作班组成员精神状态，交代工作任务进行分工，交代工作中的安全措施和技术措施。 （3）工作负责人检查班组各成员对工作任务分工、安全措施和技术措施是否明确。 （4）班组各成员在工作票和作业指导书（卡）上签名确认。 （5）工作负责人组织班组成员设置工作现场的安全围栏、安全警示标志： 1）安全围栏的范围应考虑作业中道路交通，必要时联系交通部门； 2）围栏的出入口应设置合理； 3）警示标志应包括"从此进出"、"施工现场"等。 （6）班组成员按要求将绝缘工器具放在防潮苫布上： 1）防潮苫布应清洁、干燥； 2）工器具应按定置管理要求分类摆放； 3）绝缘工器具不能与金属工具、材料混放	
2	检查	检查绝缘工器具	（1）班组成员使用干燥毛巾逐件对绝缘工器具进行擦拭并进行外观检查： 1）检查人员应戴清洁、干燥的手套； 2）绝缘工具表面不应磨损、变形损坏，操作应灵活； 3）个人安全防护用具和遮蔽、隔离用具应无针孔、砂眼、裂纹。 （2）检查工器具是否有机械性损伤。 （3）绝缘工器具检查完毕，向工作负责人汇报检查结果	
		检测低压断路器	合上新低压断路器，用万用表测导通、绝缘状况；断开新低压断路器，检测其开路情况	
3	作业施工	进入带电作业区域	铺设作业用绝缘垫	
		验电	应对待更换低压断路器两侧验电，确认负荷侧无电，验电时须戴绝缘手套	
		加装绝缘隔离措施	获得工作负责人许可后，按照"由近及远"的顺序设置绝缘隔离措施，作业过程严禁线路发生接地或短路	
		更换低压断路器	（1）确认待更换低压断路器在分闸位置，将其进、出线端子拆除，做好标记，并对其绝缘遮蔽。 （2）拆除接线端子时，应先出线后进线，先相线后零线。 （3）进出线拆除后立即用黄绿红胶带做好标记。 （4）作业时应穿全套的安全防护用具（防电弧服等）。 （5）确认新更换的低压断路器在分闸位置，按照原接线方式连接进出线。 （6）接进、出线端子时应按照与拆相反的顺序进行。 （7）合断路器前应对出线验电，确认无返送电	
		拆除带电体和接地体绝缘遮蔽措施	（1）获得工作负责人的许可后，杆上电工到达合适位置，按照与安装相反的顺序拆除绝缘隔离措施； （2）检查确认检修合格并无遗留物等	
		撤离现场	（1）遮蔽装置全部拆除后，向工作负责人汇报施工质量。 （2）工作负责人应进行全面检查，装置无缺陷，符合运行条件，确认工作完成无误后，向工作许可人汇报。 （3）工作许可人验收工作无误后，工作全部结束，人员全部撤离现场	

4.3 竣工内容应符合表 3−9 的要求。

表 3−9 竣 工 内 容 的 要 求

序号	内 容
1	清理工具及现场：工作负责人全面检查工作完成情况，清点整理工具、材料，将工器具清洁后放入专用的箱（袋）中，组织班组成员认真检查现场无遗留物，无误后撤离现场，做到"工完料尽场地清"
2	办理工作终结手续：工作负责人向调度（工作许可人）汇报工作结束，终结工作票
3	召开收工会：工作负责人组织召开现场收工会，做工作总结和点评工作： （1）正确点评本项工作的施工质量； （2）点评班组成员在作业中的安全措施的落实情况； （3）点评班组成员对规程的执行情况
4	作业人员撤离现场

5. 验收总结

验收总结应符合表 3−10 的要求。

表 3−10 验 收 总 结 的 要 求

序号	验收总结	
1	验收评价	
2	存在问题及处理意见	

6. 指导书执行情况评估

指导书执行情况评估应符合表 3−11 的要求。

表 3−11 指导书执行情况评估的要求

评估内容	符合性	优		可操作项	
		良		不可操作项	
	可操作性	优		修改项	
		良		遗漏项	
存在问题					
改进意见					

第二节 低压配电柜（房）带电加装
智能配电变压器终端

1. 适用范围

本作业方法针对"0.4kV 低压配电柜（房）带电加装智能配电变压器终端"工作编写而成，适用于配电室、箱式变压器、柱上变压器的智能配电变压器终端现场安装及验收测试。

2. 引用文件

GB/T 18857《配电线路带电作业技术导则》

GB/T 18269—2008《交流 1kV、直流 1.5kV 及以下带电作业用手工工具通用技术条件》

国家电网安质〔2014〕265 号《国家电网公司电力安全工作规程（配电部分）（试行）》

Q/GDW 10520—2016《10kV 配网不停电作业规范》

国家电网〔2007〕（751 号）《带电作业工作管理规定》

《国家电网公司 现场标准化作业指导书编制导则（试行）》

《关于印发国家电网公司深入开展现场标准化作业工作指导意见的通知》

Q/GDW 745—2012《配网设备缺陷分类标准》

Q/GDW 11261—2014《配网检修规程》

3. 作业前准备

3.1 现场勘查应符合表 3-12 的基本要求。

表 3-12 现场勘查的基本要求

序号	内容	标准	备注
1	现场勘查	现场工作负责人应提前组织有关人员进行现场勘查，根据勘查结果做出能否进行带电作业的判断，并确定作业方法及应采取的安全技术措施。主要包括下列内容：作业现场条件是否满足施工要求，作业现场周围环境、配电盘接线方式、是否有端子排，带电体与作业部位的安全距离是否满足安全距离，根据现场环境提前选取相应遮蔽工器具	
2	确定材料和工器具	所有器具准备齐全，满足作业项目需要；安全工器具及辅助工具应试验合格；绝缘工器具应检查外观完好无损，标签的试验日期应在定检时间范围内	
3	学习作业指导书	作业人员必须认真听取工作任务布置，对作业任务及存在的危险点做到心中有数，明确人员分工，认真学习工作票内容及安全措施，作业前认真学习作业指导书	
4	检查终端装置	检查终端装置安装使用说明书，检验合格证是否齐全，设备是否完好，准备好相关施工记录表	
5	了解现场气象条件	了解现场气象条件，判断是否符合《国家电网公司电力安全工作规程（配电部分）（试行）》对带电作业的要求。 （1）天气应晴好，无雷、无雨、无雪、无雾； （2）风力不大于 5 级； （3）相对湿度不大于 80%	
6	办理工作票	根据现场工作时间和工作内容办理低压带电作业工作票，工作票内容应填写正确，并按《国家电网公司电业安全工作规程》执行	

3.2 现场作业人员应符合表 3-13 的基本要求。

表 3-13 现场作业人员的基本要求

序号	内　容	备注
1	作业人员应身体健康，无妨碍作业的生理和心理障碍	
2	作业人员经培训合格，取得相应作业资质	
3	作业人员必须掌握《国家电网公司电力安全工作规程（配电部分）（试行）》相关知识，并经年度考试合格	
4	高空作业人员必须具备从事高空作业的身体素质	
5	作业人员应掌握紧急救护法，特别要掌握触电急救方法	

3.3 工器具配备应符合表 3-14 的要求。

表 3-14 工器具配备的要求

序号	工器具名称		规格、型号	单位	数量	备注
1	安全帽	安全帽		顶	3	
2	绝缘鞋	绝缘鞋	5kV	双	3	15kV、35kV 可替代
3	个人防护用具	绝缘手套	1kV	双	2	
4		防穿刺手套		双	2	
5		防电弧服	27.0cal/cm²	套	2	室外作业防电弧能力不小于 6.8cal/cm²；配电柜等封闭空间作业不小于 27.0cal/cm²；应为工作负责人增配 8cal/cm² 防电弧服
6		防电弧手套	27.0cal/cm²	双	2	
7		防电弧面屏	27.0cal/cm²	副	2	
8	绝缘遮蔽用具	绝缘隔板	1kV	块	10	研制
9	绝缘工器具	绝缘尖嘴钳	1kV	把	1	
10		绝缘斜口钳	1kV	把	1	
11		绝缘扳手	1kV	把	4	
12		绝缘套筒	1kV	把	1	
13		绝缘螺丝刀	1kV	把	1	
14	其他主要工器具	验电器	0.1~1kV	套	1	
15		钳形电流表		块	1	
16		温湿度计		台	1	
17		风速仪		台	1	
18		红外测温仪		台	1	
19		绝缘工具盒	1kV	个	2	
20		清洁干燥毛巾		条	2	
21		防潮苫布	1.5m×3m	块	2	
22		绝缘手套充气检查装备	G-99	个	1	
23		围栏、安全警示牌等			若干	

续表

序号	工器具名称		规格、型号	单位	数量	备注
24		电流互感器	600/5	个	3	
25		电流互感器	300/5	个	3	
26		智能配电终端		套	1	
27	所需材料	端子排		个	40	
28		微型空气开关		个	4	
29		异形线夹		个	4	研制
30		异形横梁		个	2	研制
31		扎带		条	若干	

3.4　危险点分析应符合表 3－15 的要求。

表 3－15　　　　　　　　　　　危 险 点 分 析 的 要 求

序号	内　容
1	作业人员进入施工现场应正确佩戴安全帽
2	工作负责人、专责监护人违章兼做其他工作或监护不到位，使作业人员失去监护
3	确定施工现场全部设备接地正确、接地良好，并进行全面检查
4	遮蔽作业时动作幅度过大，接触带电体形成回路，造成人身伤害
5	遮蔽不完整，留有漏洞、带电体暴露，作业时接触带电体形成回路，造成人身伤害
6	进入现场，对工作带电与非带电部位进行标识、区分
7	对现场工作面的裸露带电部位进行绝缘包裹或绝缘隔离
8	工作时，首先在准接入设备（未带电）工作，其次在带电工作面工作
9	工作中，所用工器具必须绝缘化处理，工件外层为绝缘材质
10	工作完毕，检查接入回路是否正确，相关信号采集是否对应
11	未设置防护措施及安全围栏、警示牌，发生行人车辆进入作业现场，造成危害发生

3.5　安全注意事项应符合表 3－16 的要求。

表 3－16　　　　　　　　　　　安全注意事项的要求

序号	内　容
1	作业现场应有专人负责指挥施工，做好现场的组织、协调工作。作业人员应听从工作负责人指挥。专责监护人应履行监护职责，不得兼做其他工作，要选择便于监护的位置，监护的范围不得超过一个作业点
2	作业现场及工具摆放位置周围应设置安全围栏、警示标志，防止行人及其他车辆进入作业现场，必要时应派专人守护
3	低压电气带电作业应戴绝缘手套（含防穿刺手套）、防护面罩、穿防电弧服，并保持对地绝缘；遮蔽作业时动作幅度不得过大，防止造成相间、相对地放电；若存在相间短路风险应加装绝缘遮蔽（隔离）措施
4	作业前确认柜体无漏电，低压电气工作前，应用低压验电器或测电笔检验检修设备、金属外壳、相邻设备是否有电

3.6 人员组织应符合表 3-17 的要求。

表 3-17　　　　　　　　　　　人 员 组 织 的 要 求

人员分工	人数	工作内容
工作负责人	1 人	全面负责现场作业；监护作业人员安全
操作电工（1 号）	1 人	负责安装作业
操作电工（2 号）	1 人	负责安装作业，协助 1 号电工作业

4. 作业程序

4.1 现场复勘的内容应符合表 3-18 的要求。

表 3-18　　　　　　　　　　　现场复勘的内容要求

序号	内　　容	备注
1	工作负责人指挥工作人员核对设备双重名称	
2	工作负责人指挥工作人员检查现场设备是否符合作业要求	
3	工作负责人指挥工作人员检查配电柜是否具备带电作业条件。本项作业应检查确认的内容有： （1）是否具备带电作业条件； （2）带电体与安装位置之间的安全距离； （3）绝缘遮蔽工具尺寸是否满足现场要求	
4	线路装置是否具备带电作业条件；确认负荷电流小于旁路引流线额定电流。超过时应提前转移或减少负荷	
5	工作负责人指挥工作人员检查气象条件： （1）天气应晴好，无雷、无雨、无雪、无雾； （2）风力不大于 5 级； （3）相对湿度不大于 80%	
6	工作负责人指挥工作人员检查工作票所列安全措施，在工作票上补充安全措施	

4.2 作业内容及标准应符合表 3-19 的要求。

表 3-19　　　　　　　　　　　作业内容及标准的要求

序号	作业步骤	作业内容	标　　准	备注
1	开工	布置工作现场	工作负责人组织班组成员设置工作现场的安全围栏、安全警示标志： （1）安全围栏的范围应考虑作业中高空坠落和高空落物的影响以及道路交通，必要时联系交通部门； （2）围栏的出入口应设置合理； （3）警示标示应包括"从此进出"、"施工现场"等，道路两侧应有"车辆慢行"或"车辆绕行"标示或路障	
			班组成员按要求将绝缘工器具放在防潮苫布上： （1）防潮苫布应清洁、干燥； （2）工器具应按定置管理要求分类摆放； （3）绝缘工器具不能与金属工具、材料混放	

序号	作业步骤	作业内容	标　准	备注
1	开工	执行工作许可制度	办理许可手续工作负责人向设备运行单位申请许可工作。汇报内容为工作负责人姓名、工作地点（配电室及低压配电柜名称）、工作任务、计划工作时间，完毕后工作负责人在工作票上记录许可时间并签名	
		召开现场站班会	宣读工作票、工作交底。工作负责人现场列队宣读工作票，交代工作任务、技术措施及作业方法，告知安全措施及危险点，并进行技术交底	
		检查绝缘工器具及材料	班组成员使用清洁干燥毛巾逐件对绝缘工器具进行擦拭并进行外观检查： （1）检查人员应戴清洁、干燥的手套； （2）绝缘工具表面不应磨损、变形损坏，操作应灵活； （3）个人安全防护用具和遮蔽、隔离用具应无针孔、砂眼、裂纹； （4）智能配电变压器终端外观检查完好，符合安装条件； （5）绝缘工器具检查完毕，向工作负责人汇报检查结果	
		穿戴个人安全防护用品	个人安全防护用品满足现场工作需要：作业人员穿戴全套个人安全防护用品（包括绝缘手套、防电弧服、鞋罩、头套等防护品），防电弧服防护能力应不低于27.0cal/cm²	
2		验电	进线开关柜验电获得工作负责人许可后，作业人员依次对引线、母排、柜体等进行验电	
		进线柜设置绝缘隔离	作业人员对进线柜内带电部位及柜体依次进行绝缘隔离。获得工作负责人许可后，作业人员按照"先带电体、后接地体"的原则对进线柜内带电部位及柜体进行绝缘隔离	
		固定电压采集线	作业人员将电压采集线固定在柜体横梁上。获得工作负责人的许可后，作业人员相互配合将电压采集线固定在柜体横梁上	
3	作业施工	安装进线柜电流互感器	作业人员安装进线柜电流互感器。获得工作负责人的许可后，作业人员先将三个电流互感器固定在柜体上，并相互配合将其固定	
		取端子接线排内短接片	作业人员取下端子接线排内短接片。获得工作负责人的许可后，作业人员取下端子接线排内短接片	
		进线柜取电压操作	作业人员直接压接取电压。此时，低压进线总开关进线端螺旋杆应有足够长度，可以直接压接电压采集线进行取电，获得工作负责人的许可后，作业人员进行压接取电压	
		拆除进线柜绝缘隔离装置	作业人员拆除进线柜绝缘隔离装置。获得工作负责人许可后，作业人员拆除进线柜绝缘隔离装置	
		验电	出线开关柜验电。获得工作负责人许可后，作业人员依次对引线、母排、柜体等进行验电	
		出线柜设置绝缘隔离	作业人员对出线柜内带电部位及柜体依次进行绝缘隔离。获得工作负责人许可后，作业人员按照"先近后远"的原则对出线柜内带电部位及柜体进行绝缘隔离	
		安装出线柜电流互感器	作业人员安装出线柜电流互感器。获得工作负责人许可后，作业人员安装电流互感器	
		出线柜电压采集	作业人员利用异形线夹进行穿刺取电。获得工作负责人许可后，作业人员使用异形线夹将电压采集线穿刺低压电缆头取电	
		拆除出线柜绝缘遮蔽装置	作业人员拆除出线柜绝缘隔离装置。获得工作负责人许可后，作业人员拆除出线柜绝缘隔离装置	
		检验	作业人员合上开关柜电源开关。获得工作负责人许可后，作业人员合上开关柜电源开关，检验智能终端是否正常工作	
		离开作业区域，作业结束	作业人员确认无遗留物、智能配电变压器终端安装符合规范要求、工作完成无误后，撤离带电作业区域。工作负责人全面检查工作完成情况，确认作业现场无遗留物、智能配电变压器终端安装符合规范要求、工作完成无误后，撤离带电作业区域	

续表

序号	作业步骤	作业内容	标　准	备注
4	质量检查	现场工作负责人检查作业质量	全面检查作业质量，无遗漏的工具、材料等	
5	完工	现场工作负责人检查工作现场	现场工作负责人全面检查工作完成情况	

4.3　竣工内容应符合表3-20的要求。

表3-20　　　　　　　　　　　竣 工 内 容 的 要 求

序号	内　容
1	清理工具及现场： （1）收回工器具、材料，摆放在防潮苫布上。 （2）工作负责人全面检查工作完成情况，清点整理工具、材料，将工器具清洁后放入专用的箱（袋）中，组织班组成员认真检查现场无遗留物，无误后撤离现场，做到"工完料尽场地清"
2	办理工作终结手续：工作负责人向设备运维管理单位（工作许可人）汇报工作结束，终结工作票
3	召开收工会：工作负责人组织召开现场收工会，做工作总结和点评工作： （1）正确点评本项工作的施工质量； （2）点评班组成员在作业中的安全措施的落实情况； （3）点评班组成员对规程的执行情况
4	作业人员撤离现场

5. 验收总结

验收总结应符合表3-21的要求。

表3-21　　　　　　　　　　　验 收 总 结 的 要 求

序号	验收总结	
1	验收评价	
2	存在问题及处理意见	

6. 指导书执行情况评估

指导书执行情况评估应符合表3-22的要求。

表3-22　　　　　　　　　　指导书执行情况评估的要求

评估内容	符合性	优		可操作项	
		良		不可操作项	
	可操作性	优		修改项	
		良		遗漏项	
存在问题					
改进意见					

带电更换配电柜
电容器

第三节　带电更换配电柜电容器

1. 适用范围

本作业方法针对"0.4KV 绝缘手套作业法带电更换配电柜电容器"工作编写而成，仅适用于该项工作。

2. 引用文件

GB/T 18857《配电线路带电作业技术导则》

GB/T 18269—2008《交流 1kV、直流 1.5kV 及以下带电作业用手工工具通用技术条件》

国家电网安质〔2014〕265 号《国家电网公司电力安全工作规程（配电部分）（试行）》

Q/GDW 10520—2016《10kV 配网不停电作业规范》

《国家电网公司　现场标准化作业指导书编制导则（试行）》

《关于印发国家电网公司深入开展现场标准化作业工作指导意见的通知》

Q/GDW 745—2012《配网设备缺陷分类标准》

Q/GDW 11261—2014《配网检修规程》

3. 作业前准备

3.1　现场勘查应符合表 3－23 的基本要求。

表 3－23　　　　　　　　　　　现场勘查的基本要求

序号	内容	标　准	备注
1	现场勘查	（1）工作票签发人或工作负责人应事先进行现场勘察，根据勘查结果做出能否进行带电作业的判断，并确定作业方法及应采取的安全技术措施以及存在的其他作业危险点等。 （2）作业人员根据任务内容，提前与运行管理单位联系，确定现场作业时间	
2	检查电容器外观，核对铭牌信息	（1）检查电容器外观良好； （2）检查电容器型号、规格、额定容量、额定电压、额定电流、频率、连接方式、绝缘水平、温度类别等参数符合要求	
3	工作票	按工作任务办理相应的工作票	

3.2　现场作业人员应符合表 3－24 的基本要求。

表 3－24　　　　　　　　　　　现场作业人员的基本要求

序号	内　容	备注
1	作业人员应身体健康，无妨碍作业的生理和心理障碍	
2	作业人员经培训合格，取得相应作业资质	

续表

序号	内　　容	备注
3	作业人员必须掌握《国家电网公司电力安全工作规程（配电部分）（试行）》相关知识，并经年度考试合格	
4	作业人员应掌握紧急救护法，特别要掌握触电急救方法	

3.3　工器具配备应符合表 3-25 的要求。

表 3-25　　　　　　　　工 器 具 配 备 的 要 求

序号	工器具名称		规格、型号	单位	数量	备注
1	安全帽	安全帽		顶	2	
2	个人防护用具	一体式绝缘防电弧安全头盔	新型 TC-402	顶	1	室外作业防电弧能力不小于 6.8cal/cm²；配电柜等封闭空间作业不小于 27.0cal/cm²；应为工作负责人增配 8cal/cm² 防电弧服
3		防电弧头罩	ARCCAG24	只	1	
4		防电弧服	AFSIB-33	套	1	
5		复合型绝缘手套	GCA-41（三合一）	双	1	
6		绝缘鞋	5kV	双	2	
7	绝缘遮蔽用具	透明绝缘毯	TN17	块	6	
8		弹性绝缘毯	TTLCO	块	4	
9		绝缘毯夹	TP60PS	只	24	大/中/小
10		导线端未套管		个	4	
11	绝缘工器具	绝缘柄螺丝刀	8寸	把	2	
12		绝缘扳手	6寸	把	2	
13		绝缘柄钢丝钳	6寸	把	1	
14		绝缘柄剥线钳		把	1	
15	其他主要工器具	验电器		支	1	
16		工频信号发生器		台	1	
17		钳形电流表		块	1	
18		放电棒		副	1	
19		标示牌		块	若干	
20		防潮垫		块	若干	
21		安全遮栏、安全围绳		米	若干	
22		应急照明灯		盏	1	
23		油性记号笔		支	1	
24		红马甲		件	1	
25		防潮苫布	4m×4m	块	1	
26	所需材料	绝缘自粘带	1kV	卷	2	
27		电容器		只	1	
28		螺丝、螺帽	各规格	只	若干	

3.4　危险点分析应符合表 3−26 的要求。

表 3−26　　　　　　　　　　　　　危 险 点 分 析 的 要 求

序号	内　　　容
1	工作监护人违章兼做其他工作或监护不到位，使作业人员失去监护
2	作业现场混乱，安全措施不齐全
3	作业人员进入现场，未能正确使用个人安全防护用具
4	配电电容柜外壳等有漏电，作业人员存在发生麻电、触电、电弧灼伤等意外风险
5	作业过程中使用不合格的绝缘工具
6	带电部位未完全绝缘隔离、遮蔽，引起安全事故
7	待更换电容器的电源未断开
8	电容器更换前，未进行逐相充分放电
9	运行的电容器失去接地保护

3.5　安全注意事项应符合表 3−27 的要求。

表 3−27　　　　　　　　　　　　　安全注意事项的要求

序号	内　　　容
1	工作监护人应履行监护职责，不得兼做其他工作，要选择便于监护的位置，监护的范围不得超过一个作业点
2	作业现场及工具摆放位置周围应设置安全围栏、标示牌，防止其他人员进入作业现场
3	进入作业现场，应穿戴好个人安全防护用具
4	作业前，应用低压验电笔验明配电柜外壳无漏电
5	作业过程中应使用绝缘工具
6	作业中邻近不同相导线或金具时，应采取绝缘隔离、遮蔽措施防止相间短路或单相接地
7	更换电容器前，应断开电容器的空气开关，并对电容器进行逐相充分放电
8	拆除待更换的电容器前，保证其他运行的电容器接地良好

3.6　人员组织应符合表 3−28 的要求。

表 3−28　　　　　　　　　　　　　人 员 组 织 的 要 求

人员分工	人数	工作内容
工作负责人（兼监护人）	1 人	全面负责现场作业安全，并履行工作监护
工作班成员	1 人	负责电容器的拆、装等工作

4. 作业程序

4.1 现场复勘的内容应符合表 3-29 的要求。

表 3-29 现场复勘的内容要求

序号	内 容	备注
1	核对双重名称，检查现场作业环境条件，确认是否具备带电作业条件	
2	核对检修工作的任务、电容器铭牌信息、需要使用的安全工具，以及存在的作业危险点等	

4.2 作业内容及标准应符合表 3-30 的要求。

表 3-30 作业内容及标准的要求

序号	作业步骤	作业内容	标 准	备注
1	开工准备	布置工作现场	工作负责人组织班组成员设置工作现场的安全围栏、安全警示标志： (1) 围栏的进出口大小合适； (2) 应挂设"从此进出"等警示标示牌	
			作业人员按要求将绝缘工器具放在防潮苫布上： (1) 防潮苫布应清洁、干燥； (2) 工器具应按定置管理要求分类摆放； (3) 绝缘工器具不能与金属工具、材料混放	
		执行工作许可制度	工作负责人按工作票内容与设备运维管理单位联系，获得设备运维管理单位工作许可； 工作负责人在工作票上签字，并记录许可时间	
		召开现场站班会	工作负责人宣读工作票； 工作负责人检查工作班组成员精神状态，交代工作任务进行分工，交代工作中的安全措施和技术措施； 工作负责人检查班组各成员对工作任务分工、安全措施和技术措施是否明确； 作业人员在工作票上签名确认	
		检查绝缘工器具	使用清洁干燥毛巾逐件对绝缘工器具进行擦拭并进行外观检查： (1) 检查人员应戴清洁、干燥的手套； (2) 检查绝缘工具外观良好，表面不应磨损、变形损坏，并对绝缘工具进行擦拭； (3) 个人安全防护用具和遮蔽、隔离用具应无针孔、砂眼、裂纹； (4) 对绝缘手套进行充气检查，并确认合格； (5) 禁止使用有损坏、受潮、变形或失灵的带电作业装备、工具。绝缘工器具检查完毕，向工作负责人汇报检查结果	
		检查电容器	检查新电容器： (1) 对新电容器的表面进行清洁； (2) 检查新电容器铭牌的额定容量、接法等； (3) 检查新电容器的接线桩头、螺母、垫片是否齐全	
		检查安全防护用品	检查安全防护用品： (1) 安全防护用品表面应清洁，不应有磨损、损坏； (2) 作业人员应穿戴合格的安全防护用品，防电弧用品防护等级不低于 25.6cal/cm²	

114

序号	作业步骤	作业内容	标　准	备注
1	开工准备	穿戴安全防护用品	作业人员穿戴好个人防护用具： （1）绝缘防护用具包括安全帽、绝缘手套（戴防穿刺手套）、绝缘鞋、防电弧服、防护头罩等； （2）工作负责人应检查作业人员绝缘防护用具的穿戴是否正确	
2	操作步骤	进入带电作业区域	作业人员电工经工作负责人许可后，进入带电作业区域	
		验电	作业人员使用验电器对配电柜体进行验电，验明柜体确无电压	
		拉开旧电容器断路器	拉开电容器的断路器开关： （1）打开电容柜柜门； （2）拉开待更换电容器的断路器开关； （3）用验电器验明断路器下桩头无电压	
		放电	作业人员使用放电棒对待更换电容器进行逐相充放电： （1）放电棒应先接好接地端； （2）对待更换电容器进行逐相充分放电	
		设置绝缘遮蔽	作业人员用绝缘毯、对带电部位进行绝缘遮蔽： （1）获得工作负责人的许可后，作业人员按照"从近到远、从下到上"的顺序对作业中可能触及的带电体、接地体进行绝缘遮蔽隔离； （2）对作业中可能碰触的带电部位均应进行绝缘遮蔽； （3）设置绝缘遮蔽隔离措施时，动作应轻缓； （4）绝缘遮蔽措施应严密、牢固，绝缘遮蔽组合应重叠	
		拆除引线	（1）拆除引线前应保证其它运行的电容器接地良好； （2）作业人员拆除电容器引线后立即进行绝缘包裹并做好相色标记	
		更换电容器	经工作负责人的许可后拆除待更换的电容器，安装新电容器： （1）拆除待更换的电容器； （2）新电容器的安装应牢固	
		安装引线	经工作负责人的许可后，使用绝缘工具恢复电容器引线： （1）拆除引线的绝缘包裹； （2）按相色标记安装电容器引线； （3）接线工艺应符合相关要求	
		拆除绝缘遮蔽	经工作负责人的许可后，作业人员拆除绝缘遮蔽，拆除的顺序按照与设置绝缘遮蔽措施相反的顺序进行	
		合上断路器	经工作负责人的许可后，作业人员合上断路器，用万用表测量三相电压正常，用无功控制仪手动投切电容器确认运行正常： （1）合上新电容器的断路器开关； （2）用万用表测量三相电压正常； （3）用无功控制仪手动调试更换后的电容器，检查确认运行正常	
3	施工质量检查、验收	现场工作负责人检查作业质量和工作现场	全面检查作业质量，作业现场无遗漏的工具、材料等； 现场工作负责人全面检查工作完成情况，确认装置无缺陷，符合运行要求	

4.3 竣工内容应符合表 3-31 的要求。

表 3-31 竣 工 内 容 的 要 求

序号	内 容
1	召开收工会：工作负责人组织召开现场收工会，做工作总结和点评工作： （1）正确点评本项工作的施工质量； （2）点评班组成员在作业中的安全措施的落实情况； （3）点评班组成员对规程的执行情况
2	办理工作终结手续：工作负责人向设备运维管理单位（工作许可人）汇报工作结束，终结工作票
3	整理工器具和清理现场： （1）收回工器具、材料，摆放在防雨苫布上。 （2）工作负责人全面检查工作完成情况，清点整理工具、材料，将工器具清洁后放入专用的箱（袋）中，组织班组成员认真检查现场无遗留物，无误后撤离现场，做到"工完料尽场地清"
4	作业人员撤离现场

5. 验收总结

验收总结应符合表 3-32 的要求。

表 3-32 验 收 总 结 的 要 求

序号	验收总结	
1	验收评价	
2	存在问题及处理意见	

6. 指导书执行情况评估

指导书执行情况评估应符合表 3-33 的要求。

表 3-33 指导书执行情况评估的要求

评估内容	符合性	优		可操作项	
		良		不可操作项	
	可操作性	优		修改项	
		良		遗漏项	
存在问题					
改进意见					

第四节　低压配电柜（房）带电新增用户出线

低压配电柜（房）
带电新增用户出线

1. 适用范围

本作业方法适用于 0.4kV 低压配电柜（房）带电新增用户出线工作。

2. 引用文件

GB/T 18857《配电线路带电作业技术导则》

GB/T 18269—2008《交流 1kV、直流 1.5kV 及以下带电作业用手工工具通用技术条件》

国家电网安质〔2014〕265 号《国家电网公司电力安全工作规程（配电部分）（试行）》

Q/GDW 10520—2016《10kV 配网不停电作业规范》

《国家电网公司　现场标准化作业指导书编制导则（试行）》

《关于印发国家电网公司深入开展现场标准化作业工作指导意见的通知》

Q/GDW 1519—2014《配网运维规程》

Q/GDW 11261—2014《配网检修规程》

3. 作业前准备

3.1　现场勘查应符合表 3-34 的基本要求。

表 3-34　　　　　　　　　　　现场勘查的基本要求

序号	内容	标　准	备注
1	现场勘查	（1）工作负责人应提前组织有关人员进行现场勘查，根据勘查结果做出能否进行带电作业的判断，并确定作业方法及应采取的安全技术措施； （2）现场勘查包括下列内容：检修工作的任务、待接入新增用户低压配电柜（房）低压开关型号、相间的安全距离、需要使用的安全工器具，以及存在的作业危险点等。 （3）确认无返送电	
2	了解现场气象条件	了解现场气象条件，判断是否符合《国家电网公司电力安全工作规程（配电部分）（试行）》对带电作业要求。 （1）天气应晴好，无雷、无雨、无雪、无雾； （2）风力不大于 5 级； （3）相对湿度不大于 80%	
3	组织现场作业人员学习作业指导书	掌握整个操作程序，理解工作任务及操作中的危险点及控制措施	
4	工作票	低压工作票	

3.2 现场作业人员应符合表 3−35 的基本要求。

表 3−35　　　　　　　　　　现场作业人员的基本要求

序号	内　容	备注
1	作业人员应身体健康，无妨碍作业的生理和心理障碍	
2	作业人员经培训合格，取得相应作业资质	
3	作业人员必须掌握《国家电网公司电力安全工作规程（配电部分）（试行）》相关知识，并经年度考试合格.	
4	作业人员应具备低压带电作业能力	
5	作业人员应掌握紧急救护法，特别要掌握触电急救方法	

3.3 工器具配备应符合表 3−36 的要求。

表 3−36　　　　　　　　　　工器具配备的要求

序号	工器具名称		规格、型号	单位	数量	备注
1	个人防护用具	绝缘鞋	5kV	双	3	15kV、35kV 可替代
2		安全帽		顶	3	
3		绝缘手套	1kV	双	2	
4		个人电弧防护用品	大于 27.0cal/cm²	套	2	室外作业防电弧能力不小于 6.8cal/cm²；配电柜等封闭空间作业不小于 27.0cal/cm²；应为工作负责人增配 8cal/cm² 防电弧服
5						
6						
7	绝缘遮蔽用具	绝缘包毯	1kV	块	3	
8		绝缘挂毯	1kV	块	2	绝缘橡胶毯
9		绝缘毯夹		只	20	
10	绝缘工器具	绝缘垫	1kV	块	1	
11		个人绝缘手工工具	1kV	套	1	
12	其他主要工器具	验电器	0.1～1kV	套	1	
13		工频信号发生器	0.1～1kV	台	1	
14		温湿度计		台	1	
15		风速仪		台	1	
16		防潮苫布	4m×4m	块	1	
17		绝缘手套充气检查装备	G−99	个	1	
18		围栏、安全警示牌等			若干	
19	所需材料	绝缘胶带	1kV	卷	2	黄、绿、红、蓝四色
20		清洁干燥毛巾		条	2	

3.4 危险点分析应符合表 3-37 的要求。

表 3-37 危险点分析的要求

序号	内 容
1	工作负责人、专责监护人违章兼做其他工作或监护不到位，使作业人员失去监护
2	绝缘工具使用前未进行外观检查，因设备损伤或有缺陷未及时发现造成人身、设备事故
3	作业前，未用低压验电器或测电笔检验设备金属外壳是否有电，可能引起触电伤害
4	作业人员穿戴防护用具不规范，造成触电、电弧伤害
5	作业人员未按规定进行绝缘遮蔽或遮蔽不严密，造成触电、电弧伤害
6	带负荷接低压端子引线，发生电弧伤害
7	接引线前未核对相线（火线）、零线，导致搭接顺序错误
8	仪表与带电设备未保持安全距离造成工作人员触电伤害
9	人体同时接触两根线头，引起触电、电弧伤害

3.5 安全注意事项应符合表 3-38 的要求。

表 3-38 安全注意事项的要求

序号	内 容
1	作业现场应有专人负责指挥施工，做好现场的组织、协调工作。作业人员应听从工作负责人指挥。专责监护人应履行监护职责，不得兼做其他工作，要选择便于监护的位置，监护的范围不得超过一个作业点
2	作业现场及工具摆放位置周围应设置安全围栏、警示标志，防止行人及其他车辆进入作业现场
3	作业过程中，作业人员应始终穿戴齐全防护用具。保持人体与邻相带电体及接地体的安全距离
4	低压电气带电工作使用的工具手握部分应有绝缘柄，其外裸露的导电部位应采取绝缘包裹措施
5	作业中邻近不同电位导线或设备时，应采取绝缘隔离措施防止相间短路和单相接地
6	对不规则带电部位和接地体部件采用绝缘毯进行绝缘隔离，并可靠固定
7	在作业过程中如设备突然停电，作业人员应视设备仍然带电
8	接低压端子引线时，搭接完毕的引线都应视为带电，要保持带电体与人体、邻近及接地体的安全距离
9	搭接引线时，应先接零线，后接相线（火线）
10	工作前应核对断路器（开关）是否处于断开位置、熔丝是否取下，检查线路绝缘层有无破损
11	作业过程中绝缘工具金属部分应与接地体、邻相带电体保持足够的安全距离

3.6 人员组织应符合表 3-39 的要求。

表 3-39 　　　　　　　　　　　**人 员 组 织 的 要 求**

人员分工	人数	工作内容
工作负责人	1人	全面负责现场作业；监护作业人员安全
作业班组成员（斗内）	1人	负责作业（新增用户出线接入）
作业班组成员（地面）	1人	负责辅助配合作业

4. 作业程序

4.1　现场复勘的内容应符合表 3-40 的要求。

表 3-40 　　　　　　　　　　　**现场复勘的内容要求**

序号	内　　容	备注
1	工作负责人核对工作现场设备双重名称	
2	工作负责人检查低压配电设备及周围环境是否具备作业条件	
3	工作负责人指定作业人员检查作业现场气象条件： （1）天气应晴好，无雷、无雨、无雪、无大雾； （2）风力不大于 5 级； （3）相对湿度不大于 80%	
4	工作负责人检查工作票所列安全措施是否正确完备，是否符合现场实际条件，必要时予以补充完善	

4.2　作业内容及标准应符合表 3-41 的要求。

表 3-41 　　　　　　　　　　　**作业内容及标准的要求**

序号	作业步骤	作业内容	标　　准	备注
1	开工	执行工作许可制度	工作负责人按工作票内容与设备运维管理单位联系，获得设备运维管理单位工作许可	
			工作负责人在工作票上签字，并记录许可时间	
		召开现场会	工作负责人宣读工作票	
			工作负责人检查工作班组成员精神状态，交代工作任务进行分工，交代工作中的安全措施和技术措施	
			工作负责人检查工作班组各成员对工作任务分工、安全措施和技术措施是否明确	
			工作班组各成员在工作票和作业指导书（卡）上签名确认	
		布置工作现场	工作负责人组织班组成员设置工作现场的安全围栏、安全警示标志： （1）安全围栏的装设范围应符合作业安全需求； （2）围栏的出入口设置应合理； （3）警示标示应包括"从此进出"、"在此工作"等	
			班组成员按要求将绝缘工具、遮蔽用具、防护用具、材料放在防潮苫布上： （1）防潮苫布应清洁、干燥； （2）工器具应按定置管理要求分类摆放； （3）绝缘工器具不能与金属工具、材料混放	

序号	作业步骤	作业内容	标　　准	备注
2	检查	检查绝缘工器具	班组成员使用干燥毛巾逐件对绝缘工具、防护用具进行擦拭并进行外观检查： （1）检查人员应戴清洁、干燥的手套； （2）绝缘工具表面不应磨损、变形损坏，操作应灵活； （3）个人安全防护用具和遮蔽、隔离用具应无针孔、砂眼、裂纹； （4）绝缘工具、防护用具应在试验周期内	
			绝缘工器具检查完毕，向工作负责人汇报检查结果	
		检查施工材料	检查绝缘胶带数量足够，并具有黄、绿、红、蓝四色	
			检查接线端子型号，确认该型号端子与待作业导线、开关匹配	
			施工材料检查完毕，向工作负责人汇报检查结果	
3	作业施工	进入带电作业区域	作业电工经工作负责人许可后，进入带电作业区域： （1）铺设作业用绝缘垫； （2）作业电工穿戴全套防电弧用具，进入作业位置； （3）辅助电工穿戴全套防电弧用具，进入辅助工位； （4）工作负责人再次确认现场设备情况满足作业条件	
		验电	作业电工使用验电器确认作业现场设备无漏电现象： （1）验电时应使用声光型验电器； （2）验电时作业人员应与带电导体保持安全距离，作业人员依次对金属外壳、待作业开关和相邻设备进行验电，验电时应戴绝缘手套； （3）确认现场设备无漏电现象，验电结果汇报工作负责人	
		核对电源接入位置	作业电工核对电源接入点名称及编号。 （1）根据工作票（任务单）及图纸资料，核对电源接入点与供电方案电源点是否一致； （2）确认电源接入位置正确，并汇报工作负责人	
		检查安全措施	作业人员核对待作业断路器（开关）处于断开位置	
		设置绝缘遮蔽、隔离措施	获得工作负责人的许可后，作业人员采用绝缘毯等工具对邻相带电体、接地体采取绝缘遮蔽、隔离措施： （1）按照由近及远的顺序设置绝缘遮蔽、隔离措施； （2）绝缘毯等遮蔽用具应固定牢靠； （3）安装绝缘遮蔽或隔离时动作应平稳，防止造成其他导线移动或设备损坏	
		核对火线、零线	获得工作负责人的许可后，作业人员核对导线相色，分清相线（火线）、零线	
		对待接入电缆端子进行绝缘包裹	获得工作负责人的许可后，作业人员对待接入电缆端子进行绝缘包裹： （1）作业人员相互配合，使用绝缘护套或绝缘胶带对待接入电缆端子进行必要的绝缘包裹； （2）绝缘包裹范围应适当，不应影响接入后端子导流	
		搭接导线	获得工作负责人的许可后，作业人员按照正确的顺序搭接导线： （1）按照"先零线、后相线（火线）"的顺序搭接导线； （2）作业时禁止人体同时接触两根线头； （3）导线转弯符合规范，线束横平竖直、布线整体对称美观合理； （4）螺栓不能压绝缘皮、不能露金属线、螺栓拧紧	
		拆除绝缘遮蔽、隔离措施	获得工作负责人的许可后，作业人员相互配合依次拆除绝缘遮蔽、隔离措施： （1）按照与安装相反的顺序拆除绝缘隔离措施； （2）作业时动作应平稳，防止造成导线移动或设备损坏	

序号	作业步骤	作业内容	标　　准	备注
4	施工质量检查	工作负责人检查作业质量	全面检查作业质量，无遗漏的工具、材料等	
5	完工	工作负责人检查工作现场	工作负责人全面检查工作完成情况	

4.3 竣工内容应符合表 3-42 的要求。

表 3-42　　　　　　　　　　竣 工 内 容 的 要 求

序号	内　　容
1	清理工具及现场： （1）收回工器具、材料，摆放在防潮苫布上。 （2）工作负责人全面检查工作完成情况，清点整理工具、材料，将工器具清洁后放入专用的箱（袋）中，组织班组成员认真检查现场无遗留物，无误后撤离现场，做到"工完料尽场地清"
2	办理工作终结手续：工作负责人向设备运维管理单位（工作许可人）汇报工作结束，终结工作票
3	召开收工会：工作负责人组织召开现场收工会，做工作总结和点评工作： （1）正确点评本项工作的施工质量； （2）点评班组成员在作业中的安全措施的落实情况； （3）点评班组成员对规程的执行情况
4	作业人员撤离现场

5. 验收总结

验收总结应符合表 3-43 的要求。

表 3-43　　　　　　　　　　验 收 总 结 的 要 求

序号	验收总结	
1	验收评价	
2	存在问题及处理意见	

6. 指导书执行情况评估

指导书执行情况评估应符合表 3-44 的要求。

表 3-44　　　　　　　　指导书执行情况评估的要求

评估内容	符合性	优		可操作项	
		良		不可操作项	
	可操作性	优		修改项	
		良		遗漏项	
存在问题					
改进意见					

第四章

低压用户作业方法

第一节 临时电源供电

临时电源供电

1. 适用范围

本作业方法针对"0.4kV 绝缘手套作业法临时电源供电"工作编写而成，仅适用于该项工作。

2. 引用文件

GB/T 18857《配电线路带电作业技术导则》

GB/T 18269—2008《交流 1kV、直流 1.5kV 及以下带电作业用手工工具通用技术条件》

国家电网安质〔2014〕265 号《国家电网公司电力安全工作规程（配电部分）（试行）》

Q/GDW 10520—2016《10kV 配网不停电作业规范》

《国家电网公司 现场标准化作业指导书编制导则（试行）》

《关于印发国家电网公司深入开展现场标准化作业工作指导意见的通知》

Q/GDW 745—2012《配网设备缺陷分类标准》

Q/GDW 11261—2014《配网检修规程》

3. 作业前准备

3.1 现场勘查应符合表 4-1 的基本要求。

表 4-1 现场勘查的基本要求

序号	内容	标准	备注
1	现场勘查	（1）现场工作负责人应提前组织有关人员进行现场勘查，根据勘查结果做出能否进行带电作业的判断，并确定作业方法及应采取的安全技术措施。 （2）现场勘查包括下列内容：作业现场条件是否满足施工要求，能否使用 0.4kV 发电车或应急电源车等车辆，能够展放低压柔性电缆，以及存在的作业危险点等。 （3）配电箱站是否具备带电作业条件： 1）配电箱站名称及编号，确认箱站体有无漏电现象，作业现场是否满足作业要求； 2）确认发电车容量是否满足负荷标准； 3）作业范围内地面土壤是否坚实、平整，是否符合 0.4kV 发电车或应急电源车安置条件。 （4）工作负责人指挥工作人员检查工作票所列安全措施，在工作票上补充安全措施	
2	了解现场气象条件	了解现场气象条件，判断是否符合《国家电网公司电力安全工作规程（配电部分）（试行）》对带电作业要求。 （1）天气应晴好，无雷、无雨、无雪、无雾； （2）风力不大于 5 级； （3）相对湿度不大于 80%	
3	组织现场作业人员学习作业指导书	掌握整个操作程序，理解工作任务及操作中的危险点及控制措施	
4	工作票	低压工作票	

3.2 现场作业人员应符合表 4-2 的基本要求。

表 4-2 现场作业人员的基本要求

序号	内　　容	备注
1	作业人员应身体健康，无妨碍作业的生理和心理障碍	
2	作业人员经培训合格，取得相应作业资质	
3	作业人员必须掌握《国家电网公司电力安全工作规程（配电部分）（试行）》相关知识，并经年度考试合格.	
4	高空作业人员必须具备从事高空作业的身体素质	
5	作业人员应掌握紧急救护法，特别要掌握触电急救方法	

3.3 工器具配备应符合表 4-3 的要求。

表 4-3 工 器 具 配 备 的 要 求

序号	工器具名称		规格、型号	单位	数量	备注
1	主要作业车辆	0.4kV 发电车或应急电源车		辆	1	容量根据现场实际情况确定
2	个人防护用具	绝缘手套	0.4kV	副	1	验电、核相、倒闸操作用
3		安全帽		顶	5	
4		绝缘鞋		顶	5	
5		个人电弧防护用品		套	1	室外作业防电弧能力不小于 6.8cal/cm²；配电柜等封闭空间作业不小于 27.0cal/cm²
6	绝缘操作工具	绝缘放电棒		副	1	旁路电缆试验以及使用以后，放电用
7		绝缘隔板		块	1	绝缘遮蔽用
8	旁路作业装备	发电车出线电缆	0.4kV	米	若干	根据现场实际长度配置
9		发电车出线电缆防护盖板、防护垫布等		个	若干	地面敷设
10	个人工器具	棘轮扳手		套	1	
11	其他主要工器具	绝缘电阻表	500V	台	1	
12		围栏、安全警示牌等		块	若干	根据现场实际情况确定
13		钳形电流表		块	1	
14		相序表	0.4kV	个	1	
15		验电器	0.4kV	支	1	
16	所需材料	螺栓螺母		只	若干	

3.4　危险点分析应符合表 4-4 的要求。

表 4-4 　　　　　　　　　　　　危 险 点 分 析 的 要 求

序号	内　　容
1	工作负责人、专责监护人违章兼做其他工作或监护不到位，使作业人员失去监护
2	旁路作业现场未设专人负责指挥施工，作业现场混乱，安全措施不齐全
3	旁路电缆设备投运前未进行外观检查及绝缘性能检测，因设备损毁或有缺陷未及时发现造成人身、设备事故
4	敷设旁路电缆未设置防护措施及安全围栏，发生行人车辆踩压，造成电缆损伤
5	地面敷设电缆被重型车辆碾压，造成电缆损伤
6	三相旁路电缆未绑扎固定，电缆线路发生短路故障时发生摆动
7	敷设旁路作业设备时，旁路电缆、旁路电缆终端的连接时未核对分相标志，导致接线错误
8	敷设旁路电缆方法错误，旁路电缆与地面摩擦，导致旁路电缆损坏
9	旁路电缆设备绝缘检测后，未进行整体放电或放电不完全，引发人身触电伤害
10	拆除旁路作业设备前未进行整体放电或放电不完全，引发人身触电伤害
11	旁路电缆敷设好后未按要求设置好保护盒
12	旁路作业前未检测确认待检修线路负荷电流造成旁路作业设备过载
13	旁路作业设备连接过程中，未进行相色标记核对造成短路事故
14	低压临时电源接入前相序不一致

3.5　安全注意事项应符合表 4-5 的要求。

表 4-5 　　　　　　　　　　　　安 全 注 意 事 项 的 要 求

序号	内　　容
1	作业现场应有专人负责指挥施工，做好现场的组织、协调工作。作业人员应听从工作负责人指挥。专责监护人应履行监护职责，不得兼做其他工作，要选择便于监护的位置，监护的范围不得超过一个作业点。每项工作开始前结束后，每组工作完成小组负责人应向现场总工作负责人汇报
2	旁路作业现场应有专人负责指挥施工，多班组作业时应做好现场的组织、协调工作。作业人员应听从工作负责人指挥
3	作业现场及工具摆放位置周围应设置安全围栏、警示标志，防止行人及其他车辆进入作业现场
4	操作之前应核对开关编号及状态
5	严格按照倒闸操作票进行操作，并执行唱票制
6	敷设旁路电缆时应设围栏。在路口应采用过街保护盒或架空敷设并设专人看守
7	敷设旁路电缆时，须由多名作业人员配合使旁路电缆离开地面整体敷设，防止旁路电缆与地面摩擦。连接旁路电缆时，电缆连接器按规定要求涂绝缘脂
8	三相旁路电缆应分段绑扎固定
9	旁路作业设备使用前应进行外观检查并对组装好的旁路作业设备（旁路电缆、旁路电缆终端等）进行绝缘电阻检测，合格后方可投入使用
10	旁路作业设备的旁路电缆、旁路电缆终端的连接应核对分相标志，保证相位色的一致
11	旁路电缆运行期间，应派专人看守、巡视，防止行人碰触。防止重型车辆碾压

续表

序号	内　　容
12	拆除旁路作业设备前，应充分放电
13	作业前需检测确认待检修线路负荷电流小于旁路设备额定电流值
14	旁路作业设备连接过程中，必须核对相色标记，确认每相连接正确
15	低压临时电源接入前应确认两侧相序一致

3.6　人员组织应符合表 4−6 的要求。

表 4−6　　　　　　　　　　人 员 组 织 的 要 求

人员分工	人数	工作内容
工作负责人	1 人	全面负责现场作业；监护登杆作业人员安全
电缆不停电作业成员	3 人	负责敷设及回收旁路电缆工作、负责电缆接头作业和核相工作
倒闸操作成员	1 人	负责开关的倒闸操作

4. 作业程序

4.1　现场复勘的内容应符合表 4−7 的要求。

表 4−7　　　　　　　　　　现场复勘的内容要求

序号	内　　容	备注
1	工作负责人指挥工作人员检查线路装置是否具备不停电作业条件。本项作业应检查确认的内容有： （1）配电箱站名称及编号，确认箱站体有无漏电现象，作业现场是否满足作业要求； （2）确认发电车容量是否满足负荷标准； （3）作业范围内地面土壤是否坚实、平整，是否符合 0.4kV 发电或应急电源车安置条件	
2	工作负责人指挥工作人员检查气象条件： （1）天气应晴好，无雷、无雨、无雪、无雾； （2）风力不大于 5 级； （3）相对湿度不大于 80%	
3	工作负责人指挥工作人员检查工作票所列安全措施，在工作票上补充安全措施	

4.2　作业内容及标准应符合表 4−8 的要求。

表 4−8　　　　　　　　　　作业内容及标准的要求

序号	作业步骤	作业内容	标　　准	备注
1	开工准备	布置工作现场	工作负责人组织班组成员设置工作现场的安全围栏、安全警示标志： （1）警示标志齐全，不少于 2 块，应包括"在此工作"、"从此进出"； （2）禁止作业人员擅自移动或拆除围栏、标示牌	
			班组成员按要求将绝缘工器具放在防潮苫布上： （1）防潮苫布应清洁、干燥； （2）工器具应按定置管理要求分类摆放； （3）绝缘工器具不能与金属工具、材料混放	

序号	作业步骤	作业内容	标　准	备注
1	开工准备	停放发电车	将发电车停放至最佳位置： （1）停放的位置应避开附近电力线和障碍物； （2）停放位置坡度不大于 7°，发电车应顺线路停放	
		执行工作许可制度	工作负责人向设备运行单位申请许可工作，汇报内容为工作负责人姓名、工作地点（线路及设备名称）、工作任务、计划工作时间	
			工作负责人在工作票上签字，并记录许可时间	
		召开现场站班会	工作负责人宣读工作票	
			工作负责人检查工作班组成员精神状态，交代工作任务进行分工，交代工作中的安全措施和技术措施	
			工作负责人检查班组各成员对工作任务分工、安全措施和技术措施是否明确	
			作业人员在工作票和作业指导书（卡）上签名确认	
		检查绝缘工器具	作业人员使用清洁干燥毛巾逐件对绝缘工器具进行擦拭并进行外观检查： （1）检查人员应戴清洁、干燥的手套； （2）绝缘工具表面不应磨损、变形损坏，操作应灵活； （3）个人安全防护用具和遮蔽、隔离用具应无针孔、砂眼、裂纹	
		穿戴个人安全防护用品	作业人员穿戴全套个人安全防护用品： （1）绝缘防护用具包括绝缘手套、防电弧服、鞋罩、头套等防护用品，防电弧服应不低于 27cal/cm²； （2）工作负责人应检查工作成员绝缘防护用具的穿戴是否正确	
2	操作过程	敷设防护垫布和盖板	作业人员敷设电缆防护垫布，敷设旁路防护盖板； 敷设工作完毕，检查敷设完整程度，有无连接不牢之处，并向工作负责人汇报检查结果	
		敷设发电车出线电缆	在待供电低压侧设备与发电车之间敷设发电车出线电缆： （1）须由多名作业人员配合使发电车出线电缆离开地面整体敷设，防止发电车出线电缆与地面摩擦； （2）在路口应采用电缆防护盖板或架空敷设，防止车辆碾压造成电缆损伤	
		绝缘检测	获得工作负责人许可后，发电车出线电缆使用前应进行外观检查和绝缘检测， （1）旁路电缆表面绝缘应无明显磨损或破损现象； （2）组装完成后检测绝缘电阻，合格后方可投入使用； （3）依次检查各相旁路电缆的额定荷载电流并对照线路负荷电流（可根据现场勘查或运行资料获得），电缆额定荷载电流应大于线路最大负荷电流 1.2 倍； （4）检测绝缘电阻后要逐相充分放电，确认电缆无电后向工作负责人报告	
		发电车出线电缆接入发电机侧	获得工作负责人许可后，按照相色标记，将发电车出线电缆接入发电机低压开关下桩头； 确认发电车出线开关处于分位，发电车出线电缆应与发电机低压开关下桩头保证相色一致，接入完毕后向工作负责人报告	
		设置遮蔽	获得工作负责人的许可后，倒闸操作成员对配电箱站可能触及的带电部位设置绝缘隔板： （1）倒闸操作成员设置绝缘隔板时，动作应轻缓，对配电箱内带电体之间应有安全距离； （2）绝缘隔板隔离措施应严密、牢固	

续表

序号	作业步骤	作业内容	标　准	备注
2	操作过程	配电箱侧安装发电车出线电缆	获得工作负责人许可后，倒闸操作成员确认配电箱开关处于分位，作业人员按照"先零线、后相线"的顺序逐相安装，安装完毕，确认安装牢固，临相电缆无触碰后向工作负责人报告	
		启动发电车电源	获得工作负责人许可后，确认发电机出线开关在分位，启动发电车电源，确认发电机水位、油位正常，合上发电机出线开关，确认后向工作负责人报告	
		检测相序	获得工作负责人许可后，倒闸操作成员检测低压出线开关两侧相序，确认一致后向工作负责人报告	
		断开配电箱低压总开关	获得工作负责人的许可后，倒闸操作成员断开配电箱低压总开关，用验电器对配电箱低压总开关出线逐相验电，确认无电后向工作负责人报告	
		合上低压出线开关	获得工作负责人的许可后，合上低压出线开关，并验电确认后向工作负责人报告	
		检测负荷情况	用钳形电流表检测负荷，判断通流情况并汇报工作负责人；依次检查各相旁路电缆的实际电流并对照线路负荷电流（可根据现场勘查或运行资料获得），确认发电车临时供电是否正常，确认后向工作负责人报告	
		拉开低压出线开关	获得工作负责人的许可后，临时取电工作结束，倒闸操作成员拉开低压出线开关并确认，确认后向工作负责人报告	
		拉开发电机出线开关，退出发电车电源	拉开发电机出线开关，退出发电车电源，确认后向工作负责人报告	
		合上配电箱低压总开关	获得工作负责人的许可后，合上配电箱低压开关并确认，确认后向工作负责人报告	
		拆除电缆	获得工作负责人的许可后，逐相充分放电，拆除发电车出线电缆、防护垫布和电缆盖板，拆除后向工作负责人报告	
		拆除遮蔽	获得工作负责人的许可后，拆除绝缘隔板： （1）倒闸操作成员拆除绝缘隔板时，动作应轻缓，对配电箱内带电体之间应有安全距离； （2）作业中，严禁人体串入电路，拆除后向工作负责人报告	
3	施工质量检查	现场工作负责人检查作业质量	全面检查作业质量，无遗漏的工具、材料等	
4	完工	现场工作负责人检查工作现场	现场工作负责人全面检查工作完成情况	

4.3　竣工内容应符合表4-9的要求。

表4-9　　　　　　　　竣 工 内 容 的 要 求

序号	内　容
1	召开收工会：工作负责人组织召开现场收工会，做工作总结和点评工作： （1）正确点评本项工作的施工质量； （2）点评班组成员在作业中的安全措施的落实情况； （3）点评班组成员对规程的执行情况
2	办理工作终结手续：工作负责人向设备运维管理单位（工作许可人）汇报工作结束，停用重合闸的需申请恢复线路重合闸装置（剩余电流动作保护器），终结工作票

序号	内　　容
3	清理工具及现场： （1）收回工器具、材料，摆放在防雨苫布上。 （2）工作负责人全面检查工作完成情况，清点整理工具、材料，将工器具清洁后放入专用的箱（袋）中，组织班组成员认真检查现场无遗留物，无误后撤离现场，做到"工完料尽场地清"
4	作业人员撤离现场

5. 验收总结

验收总结应符合表 4–10 的要求。

表 4–10　　　　　　　　　　验收总结的要求

序号	验收总结	
1	验收评价	
2	存在问题及处理意见	

6. 指导书执行情况评估

指导书执行情况评估应符合表 4–11 的要求。

表 4–11　　　　　　　　　指导书执行情况评估的要求

评估内容	符合性	优		可操作项	
		良		不可操作项	
	可操作性	优		修改项	
		良		遗漏项	
存在问题					
改进意见					

第二节　架空线路（配电柜）临时
取电向配电柜供电

一、架空线路临时取电向配电柜供电

1. 适用范围

本作业方法针对"0.4kV 架空线路临时取电向配电柜供电"工作编写而成，仅适用于该项工作。

架空线路临时取电
向配电柜供电

适用范围：仅限于导线负荷电流小于旁路电缆额定电流。

2. 引用文件

GB/T 18857《配电线路带电作业技术导则》

GB/T 18269—2008《交流 1kV、直流 1.5kV 及以下带电作业用手工工具通用技术条件》

国家电网安质〔2014〕265 号《国家电网公司电力安全工作规程（配电部分）（试行）》

Q/GDW 10520—2016《10kV 配网不停电作业规范》

《国家电网公司 现场标准化作业指导书编制导则（试行）》

《关于印发国家电网公司深入开展现场标准化作业工作指导意见的通知》

Q/GDW 745—2012《配网设备缺陷分类标准》

Q/GDW 11261—2014《配网检修规程》

3. 作业前准备

3.1 现场勘查应符合表 4-12 的基本要求。

表 4-12　　　　　　　　　现场勘查的基本要求

序号	内容	标　准	备注
1	现场勘查	（1）现场工作负责人应提前组织有关人员进行现场勘查，根据勘查结果做出能否进行带电作业的判断，并确定作业方法及应采取的安全技术措施。 （2）现场勘查包括下列内容：作业现场条件是否满足施工要求，以及存在的作业危险点等。 （3）工作线路双重名称、杆号、配电柜双重名称。 1）配电柜完好； 2）基础牢固； 3）周围无影响作业的障碍物； 4）杆身完好无裂纹； 5）埋深符合要求； 6）基础牢固。 （4）线路装置是否具备带电作业条件。本项作业应检查确认的内容有： 1）是否具备带电作业条件； 2）作业范围内地面土壤是否坚实、平整，是否符合低压带电作业车安置条件。 （5）确认负荷电流小于旁路电缆额定电流。超过时应提前转移或减少负荷。 （6）工作负责人指挥工作人员检查工作票所列安全措施，在工作票上补充安全措施	
2	了解现场气象条件	了解现场气象条件，判断是否符合《国家电网公司电力安全工作规程（配电部分）（试行）》对带电作业要求。 （1）天气应晴好，无雷、无雨、无雪、无雾； （2）风力不大于 5 级； （3）相对湿度不大于 80%	
3	组织现场作业人员学习作业指导书	掌握整个操作程序，理解工作任务及操作中的危险点及控制措施	
4	工作票	低压工作票	

3.2 现场作业人员应符合表 4-13 的基本要求。

表 4－13 现场作业人员的基本要求

序号	内　　　容	备注
1	作业人员应身体健康，无妨碍作业的生理和心理障碍	
2	作业人员经培训合格，取得相应作业资质	
3	作业人员必须掌握《国家电网公司电力安全工作规程（配电部分）（试行）》相关知识，并经年度考试合格	
4	高空作业人员必须具备从事高空作业的身体素质	
5	作业人员应掌握紧急救护法，特别要掌握触电急救方法	

3.3　工器具配备应符合表 4－14 的要求。

表 4－14 工 器 具 配 备 的 要 求

序号	工器具名称		规格、型号	单位	数量	备注
1	作业车辆	旁路电缆车		辆	1	运输低压柔性电缆
2		低压带电作业车		辆	1	
3	个人防护用具	绝缘鞋		双	5	
4		安全帽		顶	5	
5		绝缘手套	0.4kV	副	2	
6		个人电弧防护用品		套	2	室外作业防电弧能力不小于 6.8cal/cm²；配电柜等封闭空间作业不小于 27.0cal/cm²
7		全身式安全带		副	2	
8	绝缘操作工具	绝缘放电杆及接地线		根	1	
9		旁路电缆绝缘保护绳		根	4	
10	旁路作业装备	旁路电缆	0.4kV	米	若干	根据现场实际长度配置
11		旁路电缆防护盖板、防护垫布等		个	若干	
12		电缆引线固定支架		个	2	
13	个人工器具	棘轮扳手		套	1	
14		脚扣		副	1	
15	绝缘遮蔽用具	低压导线遮蔽罩		根	4	
16		绝缘毯		块	4	
17		绝缘毯夹		个	8	
18	其他主要工器具	验电器	0.4kV	支	1	
19		绝缘电阻表	500V 及以上	台	1	
20		绝缘隔板		块	1	

续表

序号	工器具名称		规格、型号	单位	数量	备注
21	其他主要工器具	相序表		个	1	
22		工频信号发生器	0.4kV	台	1	
23		钳形电流表		块	1	
24		围栏、安全警示牌等		块	若干	根据现场实际情况确定
25		风速/温湿度仪		台	1	
26		钢刷		个	1	
27	材料	螺栓、螺母		支	若干	
28		耐张线夹		支	4	
29		绝缘胶带		盘	4	

3.4　危险点分析应符合表4-15的要求。

表4-15　　　　　　　　　危险点分析的要求

序号	内容
1	工作负责人（专责监护人）违章兼做其他工作或监护不到位，使作业人员失去监护
2	旁路电缆设备投运前未进行外观检查，因设备损毁或有缺陷未及时发现造成人身、设备事故
3	未设置防护措施及安全围栏、警示牌，发生行人车辆进入作业现场，造成危害发生
4	遮蔽作业时动作幅度过大，接触带电体形成回路，造成人身伤害
5	遮蔽不完整，留有漏洞、带电体暴露，作业时接触带电体形成回路，造成人身伤害
6	敷设旁路电缆方法错误，旁路电缆与硬物、尖锐物摩擦，导致旁路引线损坏
7	旁路作业前未检测确认待检修线路负荷电流，负荷电流过大造成旁路电缆过载
8	安装旁路电缆接头时，人体串入电路，造成人身伤害
9	临时取电前未测相序，导致相序错误
10	未能正确使用个人防护用品，造成人员伤害
11	低压带电作业车位置停放不佳，附近存在电力线和障碍物，坡度过大，造成车辆倾覆人员伤亡事故
12	作业人员未对低压带电作业车支腿情况进行检查，误支放在沟道盖板上、未使用垫块或枕木、支撑不到位，造成车辆倾覆人员伤亡事故
13	低压带电作业车操作人员将低压带电作业车可靠接地
14	地面人员在作业区下方逗留，造成高处落物伤害

3.5 安全注意事项应符合表 4−16 的要求。

表 4−16   安全注意事项的要求

序号	内　　容
1	作业现场应有专人负责指挥施工，做好现场的组织、协调工作。作业人员应听从工作负责人指挥。专责监护人应履行监护职责，不得兼做其他工作，要选择便于监护的位置，监护的范围不得超过一个作业点
2	旁路电缆设备投运前应进行外观检查并检测绝缘电阻，避免因设备损毁或有缺陷未及时发现造成人身、设备事故
3	作业现场及工具摆放位置周围应设置安全围栏、警示标志，防止行人及其他车辆进入作业现场，必要时应派专人守护
4	低压电气带电作业应戴绝缘手套（含防穿刺手套）、防护面罩、穿防电弧服，并保持对地绝缘；遮蔽作业时动作幅度不得过大，防止造成相间、相对地放电；若存在相间短路风险应加装绝缘遮蔽（隔离）措施
5	遮蔽应完整，避免留有漏洞、带电体暴露，作业时接触带电体形成回路，造成人身伤害
6	敷设旁路电缆时，须由多名作业人员配合使旁路电缆离开地面整体敷设，防止旁路电缆与地面硬物、尖锐物摩擦
7	敷设旁路电缆在路口应采用电缆防护盖板或架空敷设
8	作业前需检测确认待检修线路负荷电流小于旁路电缆设备额定电流值
9	正确使用个人防护用品、登杆工具，对脚扣、安全带进行冲击试验，避免意外断裂造成高处坠落人员伤害
10	雨雪天气严禁组装旁路作业设备
11	组装完成的连接器允许在降雨（雪）条件下运行，但应确保旁路设备连接部位有可靠的防雨（雪）措施
12	低压带电作业车应停放到最佳位置： （1）停放的位置应便于低压带电作业车绝缘斗到达作业位置，避开附近电力线和障碍物； （2）停放位置坡度不大于 7°； （3）低压带电作业车应顺线路停放
13	作业人员应对低压带电作业车支腿情况进行检查，向工作负责人汇报检查结果。检查标准为： （1）不应支放在沟道盖板上。 （2）软土地面应使用垫块或枕木，垫板重叠不超过 2 块。 （3）支撑应到位。车辆前后、左右呈水平，整车支腿受力，车轮离地
14	低压带电作业车操作人员应将低压带电作业车可靠接地
15	地面人员不得在作业区下方逗留，避免造成高处落物伤害

3.6 人员组织应符合表 4−17 的要求。

表 4−17   人 员 组 织 的 要 求

人员分工	人数	工作内容
工作负责人	1 人	全面负责现场作业；监护人员安全
作业班组成员（1 号电工）	1 人	设置、拆除配电柜绝缘遮蔽、隔离措施，安装、拆除旁路电缆接头，确认相序，低压倒闸操作。敷设、拆除旁路电缆
作业班组成员（2 号电工）	1 人	负责低压带电作业车上作业。敷设、拆除旁路电缆
作业班组成员（3 号电工）	1 人	负责登杆作业。敷设、拆除旁路电缆。进行旁路电缆外观检查并检测绝缘电阻
作业班组成员（4 号电工）	1 人	敷设、拆除旁路电缆。进行旁路电缆外观检查并检测绝缘电阻

4. 作业程序

4.1　现场复勘的内容应符合表 4-18 的要求。

表 4-18　　　　　　　　　　　　现场复勘的内容要求

序号	内　容	备注
1	工作负责人指挥工作人员核对线路双重名称及杆号。检查作业点及相邻侧电杆埋深、杆身质量、导线的固定及拉线受力情况	
2	工作负责人指挥工作人员核对配电柜名称及编号。 (1) 配电柜完好； (2) 配电柜基础牢固； (3) 周围无影响作业的障碍物	
3	工作负责人核对线路相序	
4	工作负责人指挥工作人员检查线路装置是否具备低压不停电条件。本项作业应检查确认的内容有： (1) 缺陷严重程度； (2) 是否具备低压不停电作业条件	
5	线路装置是否具备低压不停电作业条件；确认负荷电流小于旁路电缆额定电流。超过时应提前转移或减少负荷	
6	工作负责人指挥工作人员检查气象条件： (1) 天气应晴好，无雷、无雨、无雪、无雾； (2) 风力不大于 5 级； (3) 相对湿度不大于 80%	
7	工作负责人指挥工作人员检查工作票所列安全措施，在工作票上补充安全措施	

4.2　作业内容及标准应符合表 4-19 的要求。

表 4-19　　　　　　　　　　　　作业内容及标准的要求

序号	作业步骤	作业内容	标　准	备注
1	开工	执行工作许可制度	工作负责人按工作票内容与设备运维管理单位联系，获得设备运维管理单位工作许可，确认线路重合闸装置（剩余电流动作保护器）已退出	
			工作负责人在工作票上签字，并记录许可时间	
		召开现场会	工作负责人宣读工作票	
			工作负责人检查工作班组成员精神状态，交代工作任务进行分工，交代工作中的安全措施和技术措施	
			工作负责人检查班组各成员对工作任务分工、安全措施和技术措施是否明确	
			班组各成员在工作票和作业指导书（卡）上签名确认	
		停放低压带电作业车	斗（臂）车驾驶员将低压带电作业车位置停放到最佳位置： (1) 停放的位置应便于低压带电作业车绝缘斗到达作业位置，避开附近电力线和障碍物； (2) 停放位置坡度不大于 7°；低压带电作业车应顺线路停放	

续表

序号	作业步骤	作业内容	标　准	备注
1	开工	停放低压带电作业车	斗（臂）车操作人员支放低压带电作业车支腿，作业人员对支腿情况进行检查，向工作负责人汇报检查结果。检查标准为： （1）不应支放在沟道盖板上。 （2）软土地面应使用垫块或枕木，垫板重叠不超过 2 块。 （3）支撑应到位。车辆前后、左右呈水平；支腿应全部伸出，整车支腿受力，车轮离地	
			斗（臂）车操作人员将低压带电作业车可靠接地	
		布置工作现场	工作负责人组织班组成员设置工作现场的安全围栏、安全警示标志： （1）安全围栏的范围应考虑作业中高空坠落和高空落物的影响以及道路交通，必要时联系交通部门； （2）围栏的出入口应设置合理； （3）警示标示应包括"从此进出"、"施工现场"等，道路两侧应有"车辆慢行"或"车辆绕行"标示或路障	
			班组成员按要求将绝缘工器具放在防潮苫布上： （1）防潮苫布应清洁、干燥； （2）工器具应按定置管理要求分类摆放； （3）绝缘工器具不能与金属工具、材料混放	
2	检查	检查绝缘工器具	班组成员使用清洁干燥毛巾逐件对绝缘工器具进行擦拭并进行外观检查： （1）检查人员应戴清洁、干燥的手套； （2）绝缘工具表面不应磨损、变形损坏，操作应灵活； （3）个人安全防护用具和遮蔽、隔离用具应无针孔、砂眼、裂纹	
			绝缘工器具检查完毕，向工作负责人汇报检查结果	
		检查低压开关	作业人员核对低压柜内开关容量满足作业负荷转移容量要求	
		检查低压带电作业车	斗内电工检查低压带电作业车表面状况：绝缘斗应清洁、无裂纹损伤	
			试操作低压带电作业车： （1）试操作应空斗进行； （2）试操作应充分，有回转、升降、伸缩的过程。确认液压、机械、电气系统正常可靠、制动装置可靠	
			低压带电作业车检查和试操作完毕，斗内电工向工作负责人汇报检查结果	
3	作业施工	敷设防护垫布	作业人员敷设旁路设备防护垫布和防护盖板	
		敷设旁路电缆	多名作业人员相互配合敷设旁路电缆，使旁路电缆离开地面整体敷设，防止旁路电缆与地面摩擦	
		绝缘检测	（1）作业人员对旁路电缆进行外观检查； （2）作业人员检测绝缘电阻，合格后方可投入使用； （3）绝缘电阻检测后注意放电	
		穿戴好个人防护用具	1、2 号电工穿戴好个人防护用具： （1）绝缘防护用具包括绝缘手套（戴防穿刺手套）、绝缘鞋罩、防电弧服、防护面罩等； （2）工作负责人应检查 1 号电工绝缘防护用具的穿戴是否正确	
		对架空线路验电	2 号电工使用验电器确认作业现场无漏电现象： （1）在带电导线上检验验电器是否完好； （2）验电时作业人员应与带电导体保持安全距离，验电顺序应由近及远，验电时应戴绝缘手套； （3）检验作业现场接地构件、绝缘子有无漏电现象，确认无漏电现象，验电结果汇报工作负责人	

序号	作业步骤	作业内容	标　准	备注
3	作业施工	设置架空线路绝缘遮蔽隔离措施	获得工作负责人的许可后，2 号电工转移绝缘斗到近边相导线合适工作位置，按照"从近到远、从下到上"的顺序对作业中可能触及的带电体、接地体进行绝缘遮蔽隔离。 （1）按照"先低后高、先近后远"的顺序原则进行绝缘遮蔽（拆除时相反）； （2）斗内电工在对带电体设置绝缘遮蔽隔离措施时，动作应轻缓，对横担、带电体之间应有安全距离； （3）绝缘遮蔽隔离措施应严密、牢固，绝缘遮蔽组合应重叠	
		安装电缆支架并固定旁路电缆	（1）3 号电工登杆配合 2 号电工安装电缆支架； （2）3 号电工登杆配合 2 号电工装设旁路电缆	
		低压配电柜验电	获得工作负责人的许可后，1 号电工对低压配电柜待接入旁路电缆间隔的开关下口验电	
		设置配电柜绝缘遮蔽隔离措施	获得工作负责人的许可后，用绝缘隔板对配电柜设置绝缘遮蔽隔离措施	
		在配电柜安装旁路电缆	（1）确认待接入旁路电缆间隔的开关处于断开位置； （2）在出线侧安装旁路电缆； （3）拆除低压配电柜绝缘隔板	
		旁路电缆接入架空线路	获得工作负责人的许可后： （1）2 号电工先搭接旁路电缆零线引线； （2）按照由远至近的原则搭接相线引线； （3）搭接完成后及时恢复绝缘遮蔽	
		检测确认相序	在配电柜确认相序及相位一致	
		拉开配电柜低压总开关	获得工作负责人的许可后，1 号电工拉开配电柜低压总开关，并确认	
		合上配电柜旁路电缆间隔开关	获得工作负责人的许可后，1 号电工合上配电柜旁路电缆间隔开关，并确认	
		检测负荷情况	用钳形电流表逐相检测负荷电流是否正常	
		拉开配电柜旁路电缆间隔开关	获得工作负责人的许可后，1 号电工拉开配电柜旁路电缆间隔开关，并确认	
		合上配电柜低压总开关	获得工作负责人的许可后，1 号电工合上配电柜低压总开关，并确认	
		拆除架空线路侧旁路电缆	获得工作负责人的许可后，2 号电工拆除架空线路侧旁路电缆，与接入时顺序相反，拆除后对导线裸露部位进行绝缘处理，并及时恢复绝缘遮蔽	
		拆除旁路电缆	在获得工作负责人的许可后： （1）作业人员对旁路电缆逐项充分放电； （2）安装绝缘隔板，拆除配电柜侧旁路电缆； （3）拆除杆上旁路电缆； （4）拆除防护垫布、电缆盖板和电缆支架； （5）拆除配电柜绝缘隔离措施； （6）按照与装设相反顺序，拆除架空线路绝缘遮蔽措施	
4	质量检查	施工质量检测验收	工作负责人全面检查作业质量，无遗漏的工具、材料等，符合运行条件	

4.3 竣工内容应符合表 4-20 的要求。

表 4-20 竣 工 内 容 的 要 求

序号	内　容
1	召开收工会：工作负责人组织召开现场收工会，做工作总结和点评工作： （1）正确点评本项工作的施工质量； （2）点评班组成员在作业中的安全措施的落实情况； （3）点评班组成员对规程的执行情况
2	办理工作终结手续：工作负责人向设备运维管理单位（工作许可人）汇报工作结束，停用重合闸的需申请恢复线路重合闸装置（剩余电流动作保护器），终结工作票
3	清理工具及现场： （1）收回工器具、材料，摆放在防雨苫布上。 （2）工作负责人全面检查工作完成情况，清点整理工具、材料，将工器具清洁后放入专用的箱（袋）中，组织班组成员认真检查现场无遗留物，无误后撤离现场，做到"工完料尽场地清"
4	作业人员撤离现场

5. 验收总结

验收总结应符合表 4-21 的要求。

表 4-21 验 收 总 结 的 要 求

序号	验收总结	
1	验收评价	
2	存在问题及处理意见	

6. 指导书执行情况评估

指导书执行情况评估应符合表 4-22 的要求。

表 4-22 指导书执行情况评估的要求

评估内容	符合性	优		可操作项	
		良		不可操作项	
	可操作性	优		修改项	
		良		遗漏项	
存在问题					
改进意见					

二、配电柜临时取电向配电柜供电

1. 适用范围

本作业方法针对"0.4kV 配电柜临时取电向配电柜供电"工作编写而成，仅适用于该项工作。

配电柜临时取电向
配电柜供电

适用范围：仅限于导线负荷电流小于旁路电缆额定电流。

2. 引用文件

GB/T 18857《配电线路带电作业技术导则》

GB/T 18269—2008《交流 1kV、直流 1.5kV 及以下带电作业用手工工具通用技术条件》

国家电网安质〔2014〕265 号《国家电网公司电力安全工作规程（配电部分）（试行）》

Q/GDW 10520—2016《10kV 配网不停电作业规范》

《国家电网公司　现场标准化作业指导书编制导则（试行）》

《关于印发国家电网公司深入开展现场标准化作业工作指导意见的通知》

Q/GDW 745—2012《配网设备缺陷分类标准》

Q/GDW 11261—2014《配网检修规程》

3. 作业前准备

3.1　现场勘查应符合表 4–23 的基本要求。

表 4–23　　　　　　　　　　现场勘查的基本要求

序号	内容	标　准	备注
1	现场勘查	（1）现场工作负责人应提前组织有关人员进行现场勘查，根据勘查结果做出能否进行带电作业的判断，并确定作业方法及应采取的安全技术措施。 （2）现场勘查包括下列内容：作业现场条件是否满足施工要求，以及存在的作业危险点等。 （3）配电柜双重名称。 1）配电柜完好； 2）基础牢固； 3）周围无影响作业的障碍物。 （4）线路装置是否具备低压不停电作业条件。 （5）确认负荷电流小于旁路电缆额定电流。超过时应提前转移或减少负荷。 （6）工作负责人指挥工作人员检查工作票所列安全措施，在工作票上补充安全措施	
2	了解现场气象条件	了解现场气象条件，判断是否符合《国家电网公司电力安全工作规程（配电部分）（试行）》对带电作业要求。 （1）天气应晴好，无雷、无雨、无雪、无雾； （2）风力不大于 5 级； （3）相对湿度不大于 80%	
3	组织现场作业人员学习作业指导书	掌握整个操作程序，理解工作任务及操作中的危险点及控制措施	
4	工作票	低压工作票	

3.2　现场作业人员应符合表 4–24 基本要求。

表 4－24　　　　　　　　　　　现场作业人员的基本要求

序号	内　　容	备注
1	作业人员应身体健康，无妨碍作业的生理和心理障碍	
2	作业人员经培训合格，取得相应作业资质	
3	作业人员必须掌握《国家电网公司电力安全工作规程（配电部分）（试行）》相关知识，并经年度考试合格.	
4	高空作业人员必须具备从事高空作业的身体素质	
5	作业人员应掌握紧急救护法，特别要掌握触电急救方法	

3.3　工器具配备应符合表 4－25 的要求。

表 4－25　　　　　　　　　　工 器 具 配 备 的 要 求

序号	工器具名称		规格、型号	单位	数量	备注
1	特种车辆	低压带电作业车		辆	1	
2	绝缘鞋	绝缘鞋		双	5	
3	安全帽	安全帽		顶	5	
4	个人防护用具	绝缘手套	0.4kV	副	1	具有防电弧防穿刺性能
5		个人电弧防护用品		套	1	室外作业防电弧能力不小于 6.8cal/cm²；配电柜等封闭空间作业不小于 27.0cal/cm²
6	绝缘操作工具	绝缘放电杆及接地线		根	1	
7	旁路作业装备	旁路电缆	0.4kV	米	若干	根据现场实际长度配置
8		旁路电缆防护盖板、防护垫布等		块	若干	
9	个人工器具	棘轮扳手		套	1	
10	其他主要工器具	验电器	0.4kV	支	1	
11		绝缘电阻表	500V 及以上	台	1	
12		绝缘隔板		块	1	
13		相序表		个	1	
14		工频信号发生器	0.4kV	台	1	
15		钳形电流表		块	1	
16		围栏、安全警示牌等		块	若干	根据现场实际情况确定
17	材料	螺栓、螺母		支	若干	

3.4　危险点分析应符合表 4－26 的要求。

表 4-26   危 险 点 分 析 的 要 求

序号	内 容
1	工作负责人（专责监护人）违章兼做其他工作或监护不到位，使作业人员失去监护
2	旁路电缆设备投运前未进行外观检查，因设备损毁或有缺陷未及时发现造成人身、设备事故
3	未设置防护措施及安全围栏、警示牌，发生行人车辆进入作业现场，造成危害发生
4	遮蔽作业时动作幅度过大，接触带电体形成回路，造成人身伤害
5	遮蔽不完整，留有漏洞、带电体暴露，作业时接触带电体形成回路，造成人身伤害
6	敷设旁路电缆方法错误，旁路电缆与硬物、尖锐物摩擦，导致旁路引线损坏
7	旁路作业前未检测确认待检修线路负荷电流，负荷电流过大造成旁路电缆过载
8	安装旁路电缆接头时，人体串入电路，造成人身伤害
9	临时取电前未测相序，导致相序错误
10	未能正确使用个人防护用品，造成人员伤害

3.5 安全注意事项应符合表 4-27 的要求。

表 4-27   安全注意事项的要求

序号	内 容
1	作业现场应有专人负责指挥施工，做好现场的组织、协调工作。作业人员应听从工作负责人指挥。专责监护人应履行监护职责，不得兼做其他工作，要选择便于监护的位置，监护的范围不得超过一个作业点
2	旁路电缆设备投运前应进行外观检查并检测绝缘电阻，避免因设备损毁或有缺陷未及时发现造成人身、设备事故
3	作业现场及工具摆放位置周围应设置安全围栏、警示标志，防止行人及其他车辆进入作业现场，必要时应派专人守护
4	低压电气带电作业应戴绝缘手套（含防穿刺手套）、防护面罩、穿防电弧服，并保持对地绝缘；遮蔽作业时动作幅度不得过大，防止造成相间、相对地放电；若存在相间短路风险应加装绝缘遮蔽（隔离）措施
5	遮蔽应完整，避免留有漏洞、带电体暴露，作业时接触带电体形成回路，造成人身伤害
6	敷设旁路电缆时，须由多名作业人员配合使旁路电缆离开地面整体敷设，防止旁路电缆与地面硬物、尖锐物摩擦
7	敷设旁路电缆在路口应采用电缆防护盖板或架空敷设
8	作业前需检测确认待检修线路负荷电流小于旁路电缆设备额定电流值
9	正确使用个人防护用品，避免造成人员伤害
10	雨雪天气严禁组装旁路作业设备
11	组装完成的连接器允许在降雨（雪）条件下运行，但应确保旁路设备连接部位有可靠的防雨（雪）措施

3.6 人员组织应符合表 4-28 的要求。

表 4-28   人 员 组 织 的 要 求

人员分工	人数	工作内容
工作负责人	1人	全面负责现场作业；监护人员安全
作业班组成员（1号电工）	1人	设置、拆除绝缘遮蔽、隔离措施，安装、拆除旁路电缆接头，确认相序，低压倒闸操作
作业班组成员（2号电工）	1人	敷设、拆除旁路电缆，进行旁路电缆外观检查并检测绝缘电阻
作业班组成员（3号电工）	1人	敷设、拆除旁路电缆，进行旁路电缆外观检查并检测绝缘电阻
作业班组成员（4号电工）	1人	敷设、拆除旁路电缆

4. 作业程序

4.1   现场复勘的内容应符合表 4-29 的要求。

表 4-29   现场复勘的内容要求

序号	内　　　容	备注
1	工作负责人指挥工作人员核对配电柜双重名称	
2	工作负责人指挥工作人员检查地形环境是否符合作业要求： （1）配电柜完好； （2）配电柜基础牢固； （3）周围无影响作业的障碍物	
3	工作负责人指挥工作人员检查线路装置是否具备低压不停电条件。本项作业应检查确认的内容有： （1）缺陷严重程度； （2）是否具备低压不停电作业条件	
4	线路装置是否具备低压不停电作业条件；确认负荷电流小于旁路电缆额定电流。超过时应提前转移或减少负荷	
5	工作负责人指挥工作人员检查气象条件： （1）天气应晴好，无雷、无雨、无雪、无雾； （2）风力不大于 5 级； （3）相对湿度不大于 80%	
6	工作负责人指挥工作人员检查工作票所列安全措施，在工作票上补充安全措施	

4.2   作业内容及标准应符合表 4-30 的要求。

表 4-30   作业内容及标准的要求

序号	作业步骤	作业内容	标　　　准	备注
1	开工	执行工作许可制度	工作负责人按工作票内容与设备运维管理单位联系，获得设备运维管理单位工作许可，确认线路重合闸装置（剩余电流动作保护器）已退出	
			工作负责人在工作票上签字，并记录许可时间	

序号	作业步骤	作业内容	标　准	备注
1	开工	召开现场会	工作负责人宣读工作票	
			工作负责人检查工作班组成员精神状态，交代工作任务进行分工，交代工作中的安全措施和技术措施	
			工作负责人检查班组各成员对工作任务分工、安全措施和技术措施是否明确	
			班组各成员在工作票和作业指导书（卡）上签名确认	
		布置工作现场	工作负责人组织班组成员设置工作现场的安全围栏、安全警示标志： （1）围栏的出入口应设置合理； （2）警示标示应包括"从此进出"、"施工现场"等，道路两侧应有"车辆慢行"或"车辆绕行"标示或路障	
			班组成员按要求将绝缘工器具放在防潮苫布上： （1）防潮苫布应清洁、干燥； （2）工器具应按定置管理要求分类摆放； （3）绝缘工器具不能与金属工具、材料混放	
2	检查	检查绝缘工器具	班组成员使用清洁干燥毛巾逐件对绝缘工器具进行擦拭并进行外观检查： （1）检查人员应戴清洁、干燥的手套； （2）绝缘工具表面不应磨损、变形损坏，操作应灵活； （3）个人安全防护用品和遮蔽、隔离用具应无针孔、砂眼、裂纹	
			绝缘工器具检查完毕，向工作负责人汇报检查结果	
3	作业施工	穿戴好个人防护用具	1号电工穿戴好个人防护用具： （1）绝缘防护用具包括绝缘手套（戴防穿刺手套）、绝缘鞋罩、防电弧服、防护面罩等； （2）工作负责人应检查1号电工绝缘防护用具的穿戴是否正确	
		敷设防护垫布	作业人员敷设旁路设备防护垫布	
		敷设旁路电缆	多名作业人员相互配合敷设旁路电缆，使旁路电缆离开地面整体敷设，防止旁路电缆与地面摩擦	
		绝缘检测	（1）作业人员对旁路电缆进行外观检查； （2）作业人员检测绝缘电阻，合格后方可投入使用； （3）绝缘电阻检测后注意放电	
		设置配电柜1绝缘遮蔽隔离措施	获得工作负责人的许可后，用绝缘隔板对配电柜1设置绝缘遮蔽隔离措施	
		在配电柜1安装旁路电缆	（1）确认待接入旁路电缆间隔的开关处于断开位置； （2）在出线侧安装旁路电缆	
		设置配电柜2绝缘遮蔽隔离措施	获得工作负责人的许可后，用绝缘隔板对配电柜2设置绝缘遮蔽隔离措施	
		在配电柜2安装旁路电缆	（1）确认待接入旁路电缆间隔的开关处于断开位置； （2）在出线侧安装旁路电缆	
		临时取电	获得工作负责人的许可后： （1）合上配电柜1旁路电缆间隔开关，并确认； （2）在配电柜2确认相序及相位一致； （3）拉开配电柜2的总开关，并确认； （4）合上配电柜2的旁路电缆间隔开关，并确认； （5）作业人员用钳形电流表逐相检测负荷电流是否正常	

序号	作业步骤	作业内容	标　准	备注
3	作业施工	临时取电工作结束	获得工作负责人的许可后： (1) 拉开配电柜 2 的旁路电缆间隔开关，并确认； (2) 合上配电柜 2 的总开关，并确认； (3) 拉开配电柜 1 的旁路电缆间隔开关，并确认	
		拆除旁路电缆	在获得工作负责人的许可后： (1) 作业人员对旁路电缆逐项充分放电； (2) 拆除旁路电缆； (3) 拆除绝缘遮蔽、隔离措施，拆除盖板、绝缘垫布	
4	质量检查	施工质量检测验收	工作负责人全面检查作业质量，无遗漏的工具、材料等，符合运行条件	

4.3　竣工内容应符合表 4-31 的要求。

表 4-31　　　　　　　　　　　竣 工 内 容 的 要 求

序号	内　容
1	召开收工会：工作负责人组织召开现场收工会，做工作总结和点评工作： (1) 正确点评本项工作的施工质量； (2) 点评班组成员在作业中的安全措施的落实情况； (3) 点评班组成员对规程的执行情况
2	办理工作终结手续：工作负责人向设备运维管理单位（工作许可人）汇报工作结束，停用重合闸的需申请恢复线路重合闸装置（剩余电流动作保护器），终结工作票
3	清理工具及现场： (1) 收回工器具、材料，摆放在防雨苫布上。 (2) 工作负责人全面检查工作完成情况，清点整理工具、材料，将工器具清洁后放入专用的箱（袋）中，组织班组成员认真检查现场无遗留物，无误后撤离现场，做到"工完料尽场地清"
4	作业人员撤离现场

5. 验收总结

验收总结应符合表 4-32 的要求。

表 4-32　　　　　　　　　　　验 收 总 结 的 要 求

序号	验收总结	
1	验收评价	
2	存在问题及处理意见	

6. 指导书执行情况评估

指导书执行情况评估应符合表 4-33 的要求。

表 4 - 33 　　　　　　　　　指导书执行情况评估的要求

评估内容	符合性	优		可操作项	
		良		不可操作项	
	可操作性	优		修改项	
		良		遗漏项	
存在问题					
改进意见					